トランスレーショナルリサーチを支援する

遺伝子医学MOOK・24号（ムック）

最新生理活性脂質研究
-実験手法, 基礎的知識とその応用-

監修：横溝岳彦（順天堂大学大学院医学研究科生化学第一講座教授）
編集：青木淳賢（東北大学大学院薬学研究科分子細胞生化学分野教授）
　　　杉本幸彦（熊本大学大学院生命科学研究部薬学生化学分野教授）
　　　村上　誠（東京都医学総合研究所脂質代謝プロジェクトリーダー）

定価：5,600円（本体5,333円+税）、B5判、312頁

好評発売中

● 序文

● 第1章　技術編
1. 脂質抽出法
2. 脂質質量分析の基礎
3. リン脂質の質量分析解析法の新展開
4. リゾリン脂質の質量分析解析
5. スフィンゴ脂質の蛍光分析法・自動分析法
6. スフィンゴ脂質の質量分析法
7. 質量分析計によるエイコサノイド類の一斉定量分析法
8. 質量顕微鏡
9. 脂質質量分析の高感度化
10. 脂質分子に対する免疫原の作製と抗体の産生
11. TGFα切断を用いたGPCR活性化の新しい検出法
12. DNAマイクロアレイ解析による脂質メディエーターの機能研究
13. 脂質メタボロミクス

● 第2章　モデル動物編
1. ゼブラフィッシュを用いた脂質メディエーター研究
2. ショウジョウバエと脂質研究
3. 線虫を用いたホスファチジルイノシトールの脂肪酸組成を規定する酵素群の同定

● 第3章　基礎編
1. 細胞膜リン脂質とPAF生合成経路
2. ホスホリパーゼ A_2 酵素群
3. 創薬の標的としてのプロスタグランジン最終合成酵素群
4. リゾリン脂質の産生経路
5. リゾリン脂質に対する受容体
6. 血小板活性化因子（PAF）受容体
7. スフィンゴシン1-リン酸の代謝経路
8. スフィンゴシン1-リン酸受容体
9. プロスタノイド受容体の作用機序と中枢における意義・役割
10. ロイコトリエン受容体
11. カンナビノイド受容体とその内在性リガンド
12. GPCR型脂肪酸受容体
13. イノシトールリン脂質とイノシトールリン脂質代謝酵素

● 第4章　臨床編
1. 呼吸器疾患と脂質メディエーター
2. 腸管免疫疾患における脂質メディエーター
3. スフィンゴシン-1-リン酸と循環器疾患
4. 病態時の血管・リンパ管新生と脂質メディエーター
5. 慢性疼痛創薬標的としてのリゾホスファチジン酸
6. 痛みとプロスタグランジン・ロイコトリエン
7. 皮膚免疫反応と脂質メディエーター
8. 脂質メディエーター関連遺伝子の変異による遺伝性毛髪疾患
9. n-3系脂肪酸の代謝と抗炎症作用についてのメタボローム解析
10. PLA2G6遺伝子変異と神経変性疾患
11. 大動脈瘤の進展と PGE_2

お求めは医学書販売店、大学生協もしくは弊社購読係まで

発行／直接のご注文は

株式会社 メディカルドゥ

〒550-0004
大阪市西区靭本町1-6-6　大阪華東ビル5F
TEL.06-6441-2231　FAX.06-6441-3227
E-mail　home@medicaldo.co.jp
URL　http://www.medicaldo.co.jp

遺伝子医学 MOOK 別冊
細胞死研究の今
－疾患との関わり，創薬に向けてのアプローチ

● L 型 Ca^{2+} 過剰流入による心不全モデル（文献 17 より改変）　　（本文 42 頁参照）

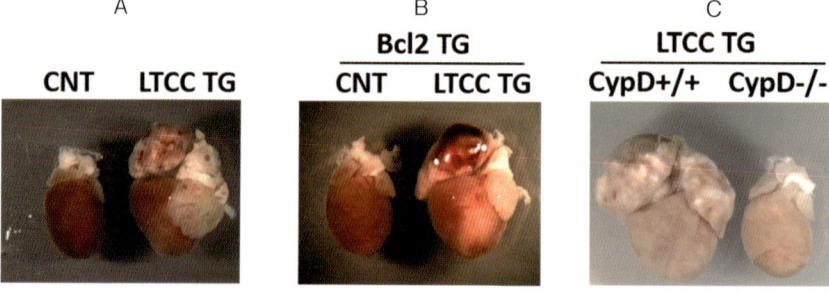

L 型 Ca^{2+} チャネルを介する Ca^{2+} 流入の亢進したマウス（LTCC TG）は細胞死を伴った心不全を呈する（A）。LTCC TG の心臓においてアポトーシスの増加は認めず，Bcl2 の過剰発現（Bcl2 TG）では病態は改善しない（B）。しかしながら，Cyp D 欠失により心不全病態の改善を認める（C）。

● 肝細胞アポトーシスの持続は肝発がんを誘導する　　（本文 55 頁参照）

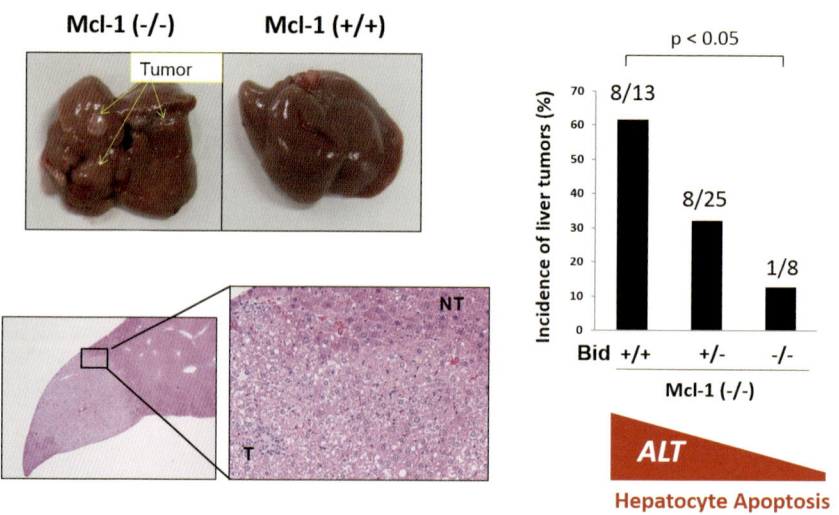

肝細胞特異的に mcl-1 をノックアウトしたマウスは生後早期より肝細胞アポトーシスを自然発症し，血清 ALT 値の上昇が生涯持続する。同マウスは軽度の線維化の進行とともに 1 年齢以降において高率に肝細胞がんを発症する。mcl-1 ノックアウトマウスにおいて BH3-only タンパクの 1 つである Bid を欠損させると，肝細胞のアポトーシスと血清 ALT 値の上昇は遺伝子量依存的に軽減し，同時に発がん率は著明に低下した。

カラーグラビア

● Bcl-2 タンパク質ファミリー　　　　　　　　　　　　　　　　　（本文 64 頁参照）

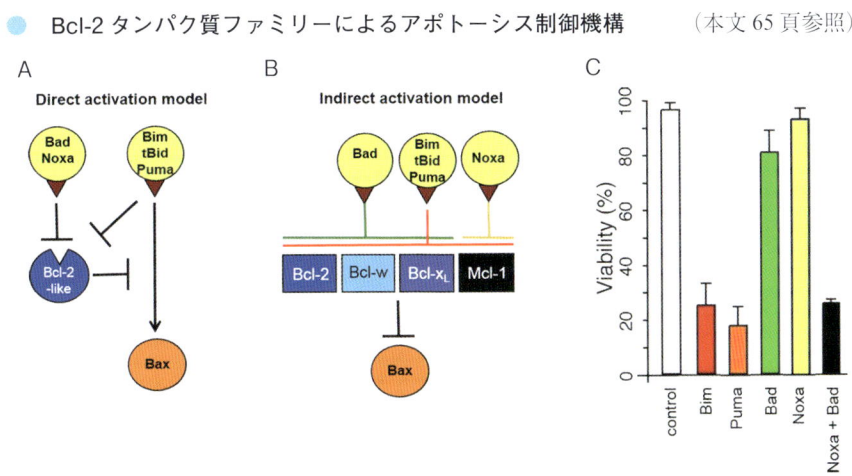

A. Bcl-2 タンパク質ファミリーは大きく3つに分別される．Bcl-2 タンパク質には Bcl-2, Bcl-xL, Bcl-w, Mcl-1 そして A1 があり，pro-survival 活性をもつ．BH3 ドメインだけをもつ BH3-only タンパク質には Bad, Bid, Bim, Blk, Noxa, Puma などがあり，Bax や Bak を直接あるいは間接的に活性化する．
B. Bcl-2 タンパク質と BH3-only タンパク質の結合様式．Bim や Puma（tBid も）はすべての Bcl-2 タンパク質と結合できるが，Bad は Bcl-2, Bcl-xL そして Bcl-w に，Noxa は Mcl-1 だけに結合する．
C. Bax/Bak と Bcl-2 タンパク質の結合様式．Bak の活性化は Bcl-xL, Mcl-1 によって抑制されるが，Bax の活性化はすべての Bcl-2 タンパク質によって抑制される．

● Bcl-2 タンパク質ファミリーによるアポトーシス制御機構　　　（本文 65 頁参照）

A. Bax の活性化モデル（Direct activation model）．BH3-only タンパク質は2つに分かれ，Bad, Noxa は sensitizer として Bcl-2 タンパク質を標的とし，Bcl-2 タンパク質の pro-survival 活性を抑制する．Bim, Puma, tBid は activator と呼ばれ，Bax に直接作用して活性化する．
B. もう1つの Bax の活性化モデル（Indirect activation mocel）．Bim, tBid そして Puma はすべての Bcl-2 タンパク質に結合できるため，Bax の活性を抑制できる prosurvival タンパク質が枯渇する．一方，Bad は Bcl-2, Bcl-xL そして Bcl-w に，Noxa は Mcl-1 だけに結合する．
C. そのため，Mcl-1 と結合できる Noxa を Bad とともに発現させると，すべての Bcl-2 タンパク質を阻害して細胞死が誘導される．

カラーグラビア

● ABT-737 は Bcl-2, Bcl-w, Bcl-xL に結合するが, Mcl-1 には結合しない　　（本文 66 頁参照）

A　　　　　　　　　　　B　　　　　　　　　　　　　　　　C

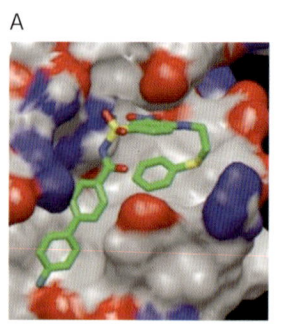

	Affinity of ABT-737 IC50 (nM)
Bcl-2	3.5
Bcl-w	9.6
Bcl-xL	5.7
Mcl-1	>2000

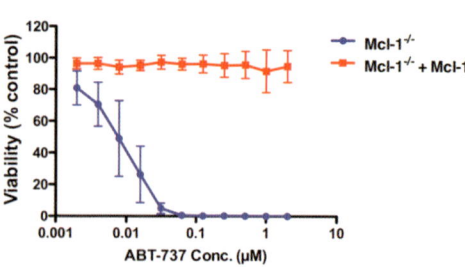

A. ABT-737 の化学構造
B. ABT-737 と prosurvival タンパク質の結合様式。ABT-737 は Bcl-2, Bcl-w および Bcl-xL と結合できるが, Mcl-1 とは結合しない。
C. ABT-737 は Mcl-1 に依存した細胞死を誘導する。Mcl-1 欠損マウスの線維芽細胞は低濃度でも ABT-737 処理で細胞死を誘導するが, Mcl-1 を発現させることによって細胞死が回避される。

● ABT-737/263 の作用機序　　（本文 66 頁参照）

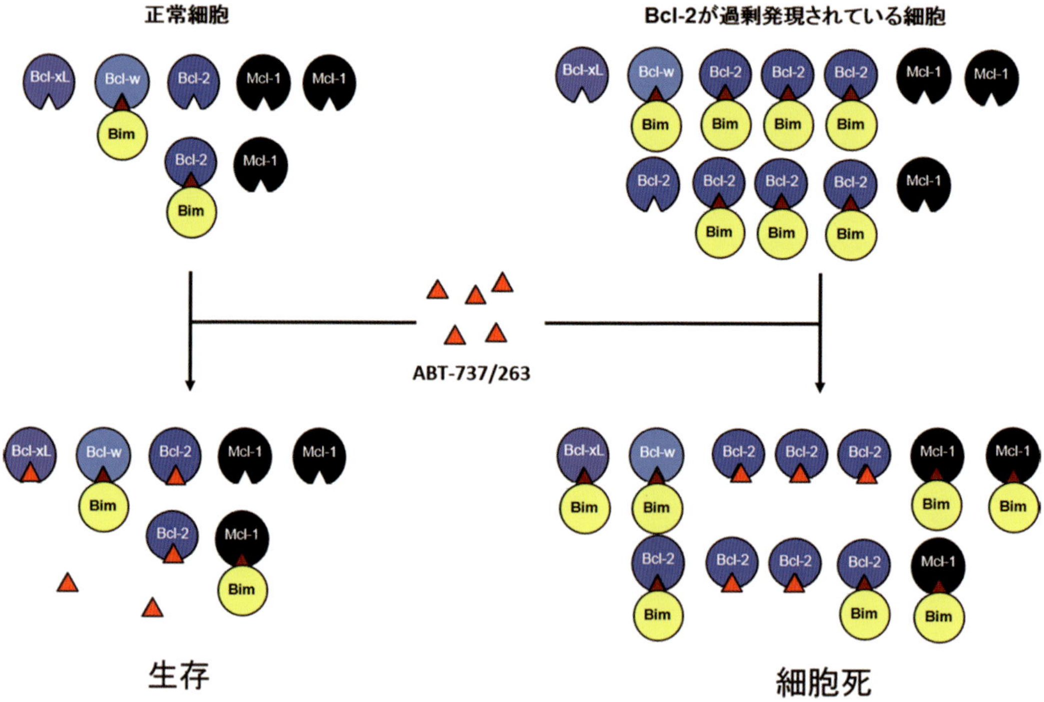

正常細胞　　　　　　　　　　　　　　Bcl-2 が過剰発現されている細胞

ABT-737/263

生存　　　　　　　　　　　　　　細胞死

Bcl-2 に結合することで Bim は安定化し, Bcl-2 過剰発現細胞では多くの Bcl-2/Bim 複合体が存在している。ABT-737/263 は Bcl-xL/Bim や Bcl-w/Bim 複合体よりも, Bcl-2/Bim 複合体から Bim を遊離させやすい特徴がある[15]。正常細胞では, ABT-737/263 によって Bcl-2 から遊離した Bim は Mcl-1 などの他の prosurvival タンパク質に結合するため細胞死は抑制される。一方, Bcl-2 が過剰発現している細胞では, ABT-737/263 によって多くの Bim が遊離し, すべての prosurvival タンパク質に結合することで細胞死が誘導される。

● Bcl-2 タンパク質ファミリーを標的とする化合物の相互作用　　　　　　（本文 67 頁参照）

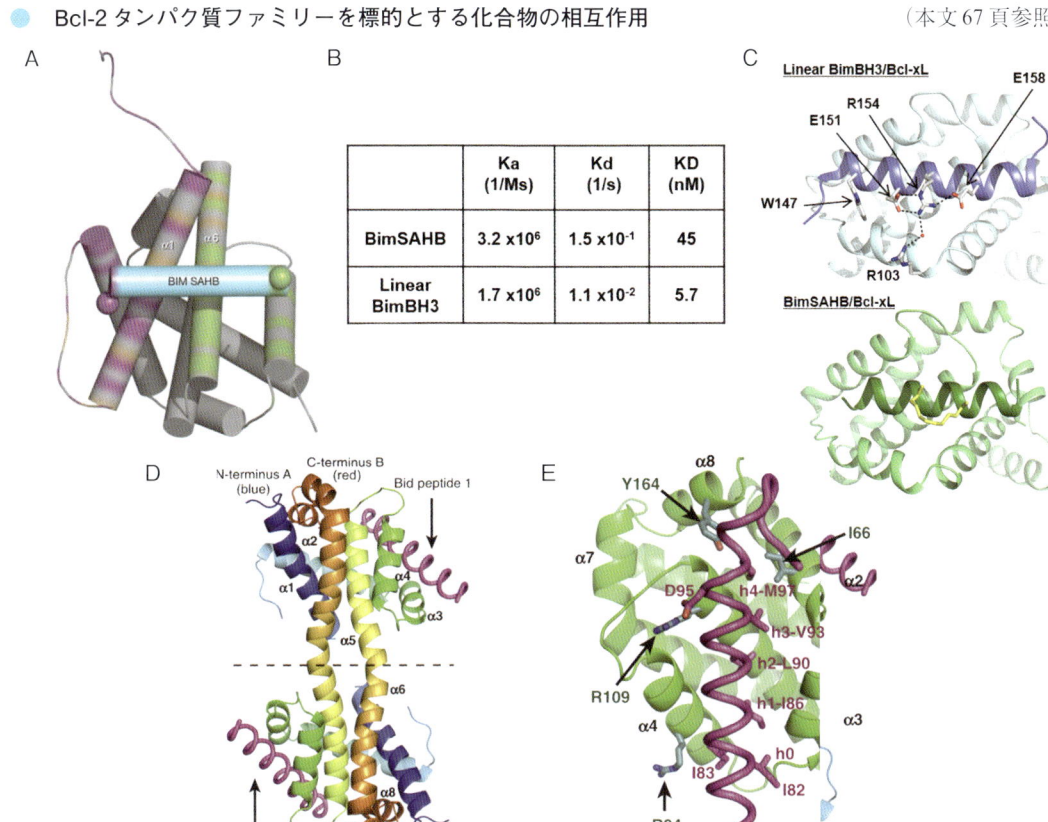

A. Gavathiotis らによる BimSAHB と Bax の結合モデル。Bax のヘリックス α1-α6 からなる "rear pocket" を介して BimSAHB と結合している。
B. Biacore S51 による Bcl-xL と BimSAHB, linear Bim との相互作用解析。BimSAHB は linear Bim と比べて，結合速度定数（on-rate）に差はみられないが，解離速度定数（off-rate）に大きな差がみられる。そのため，BimSAHB は解離定数（KD）が低くなったと考えられる。
C. Bim ペプチドと Bcl-xL の構造（上段）。Bim ペプチド 154 番目のアルギニン（BimEL 換算）は 151 番目と 158 番目のグルタミン酸と塩橋を形成している。下段は BimSAHB と Bcl-xL との構造。BimSAHB では，架橋構造の付加により，linear Bim にあった塩橋構造がない。
D. Czabotar らの BH3 ペプチドと Bax の複合体の 2 量体のタンパク質結晶に基づいた立体構造。BH3 ペプチドは Bax 分子で構成される BH3-binding groove で結合していた。
E. BH3 ペプチドによって Bax の 2 量体化を誘導するには，BH3 ドメインの h1 と h0 と呼ばれる位置のアミノ酸が重要である。

網膜のレチノイド代謝 (visual cycle) とシグナル伝達機構

（本文71頁参照）

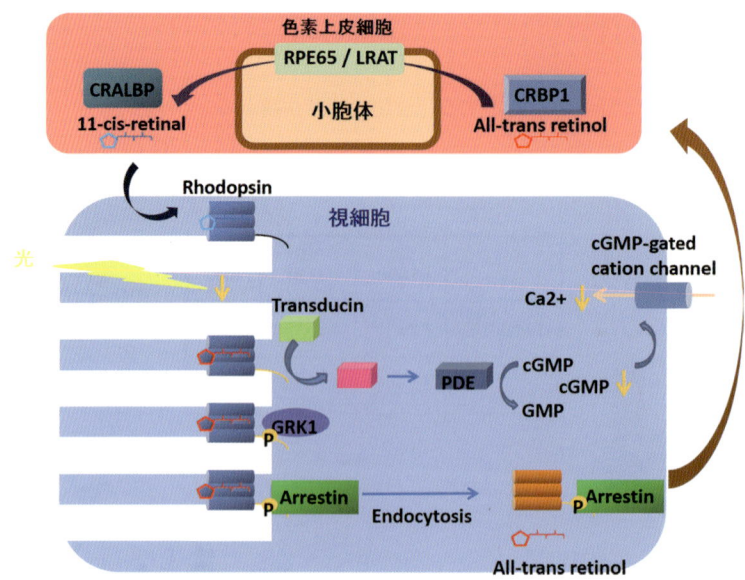

視細胞の外節部の細胞膜では，光刺激による 11-cis-retinal から all-trans-retinal への位相転換が cyclic GMP 依存性カルシウムチャネルの活性化による細胞膜の脱分極を起こす。位相転換した all-trans-retinal は網膜色素上皮細胞に輸送され，LRAT, RPE65 により 11-cis-retinal に再生され，再び視細胞へ供給される。

Sema4A 欠損マウスは生後早期より視細胞のアポトーシスを起こす

（本文72頁参照）

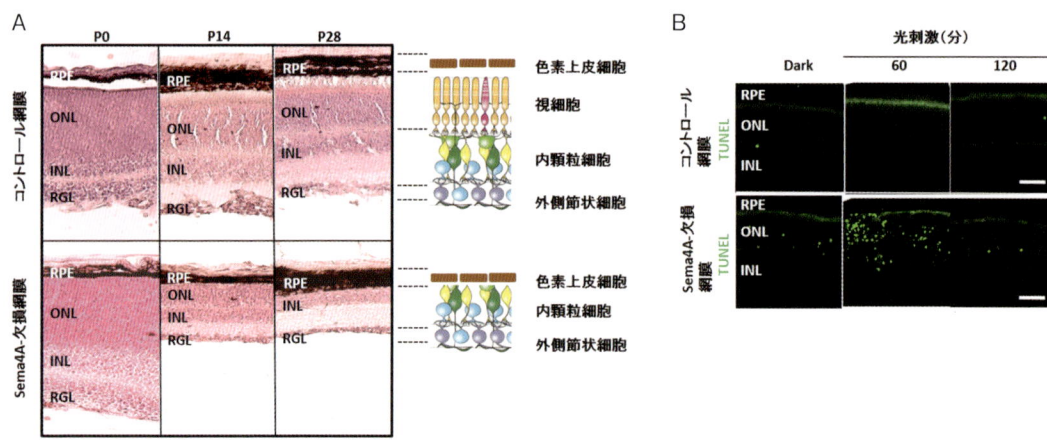

A. 生後14日，28日の網膜の組織所見（HE染色）。Sema4A 欠損マウスは視細胞層の欠損を示す。
B. 生後14日の網膜の TUNNEL アッセイ。暗順応した Sema4A 欠損マウスは光照射後に視細胞の急激なアポトーシスを示す。

カラーグラビア

● Sema4A欠損色素上皮細胞はプロサポシン輸送障害を起こす　　　（本文73頁参照）

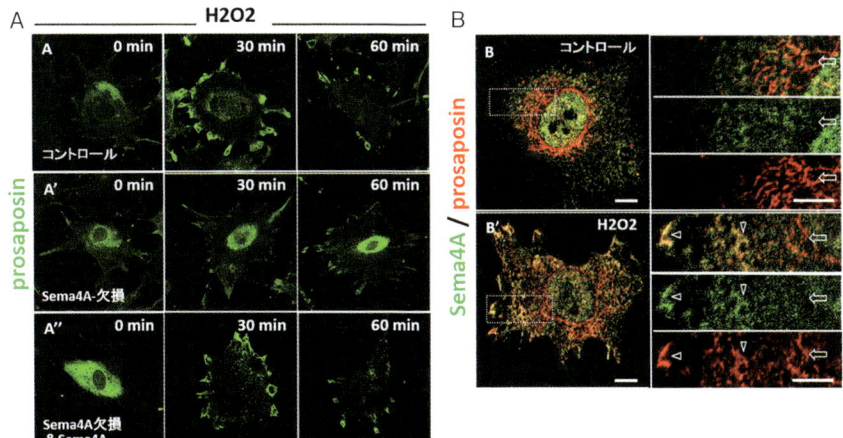

A. Sema4A 欠損色素上皮細胞では H_2O_2 曝露下でプロサポシンの細胞への輸送が著明に促進された。Sema4A の強制発現で回復した。
B. 色素上皮細胞では H_2O_2 曝露下で核周辺部のプロサポシン（矢印）は Sema4A と共局在して細胞膜へ移動する（矢頭）。

● Sema4A は細胞内膜輸送を制御する　　　（本文74頁参照）

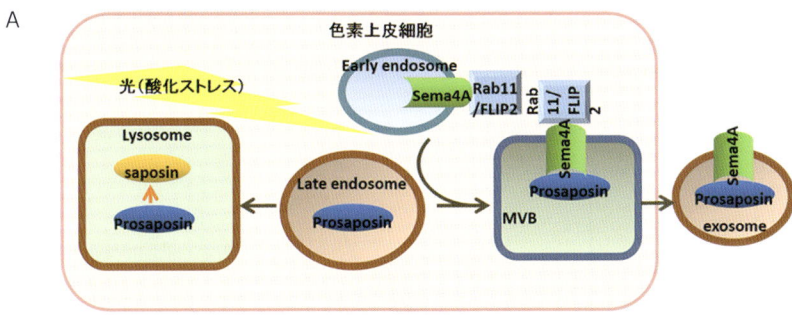

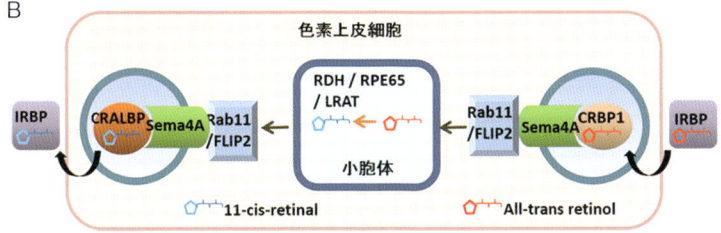

A. 通常の光刺激のない状態では、プロサポシンは後期エンドソームからリソソームへ輸送される。光刺激などの酸化ストレス下では、Sema4A を含有した Rab11 依存性の初期エンドソームと融合し、Sema4A と結合したプロサポシンはエクソソームの形で細胞外へ放出される。
B. visual cycle におけるレチノイドの色素上皮細胞内での輸送は Sema4A と CRBP1 複合体が細胞膜から小胞体膜への輸送を行い、Sema4A と CRALBP の複合体が小胞体膜で再生された 11-cis-retinal の細胞膜表面への輸送を行う。

Sema4A の遺伝子導入による網膜変性の防御

(本文 75 頁参照)

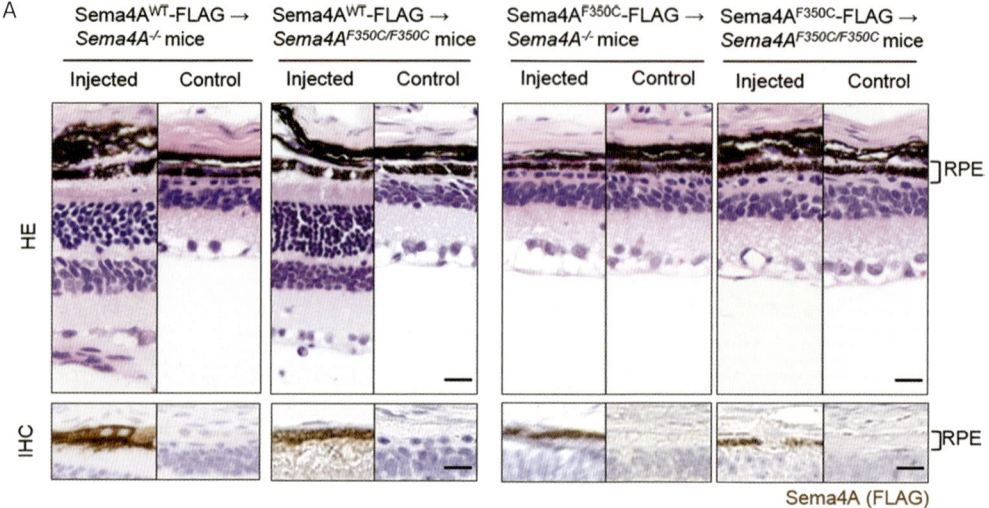

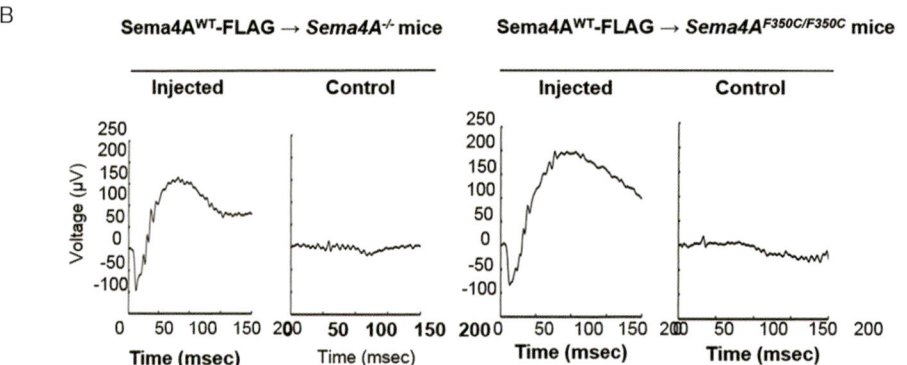

A. 生後1週目のマウス網膜の色素上皮細胞にSema4A発現レンチウイルスを片眼に導入し1ヵ月後の網膜の組織所見（HE染色）。色素上皮細胞に導入されたSema4A（IHCにて茶色）のより視細胞の変性は防がれた。一方，Sema4A（F350C）を導入した網膜では視細胞の変性は防げなかった。

B. 網膜電図で視覚機能を計測した。Sema4A導入マウスで視覚機能の改善が認められた。

遺伝子医学MOOK別冊

細胞死研究の今
−疾患との関わり，創薬に向けてのアプローチ

【編集】**辻本賀英**（大阪大学大学院医学系研究科遺伝医学講座遺伝子学教授）

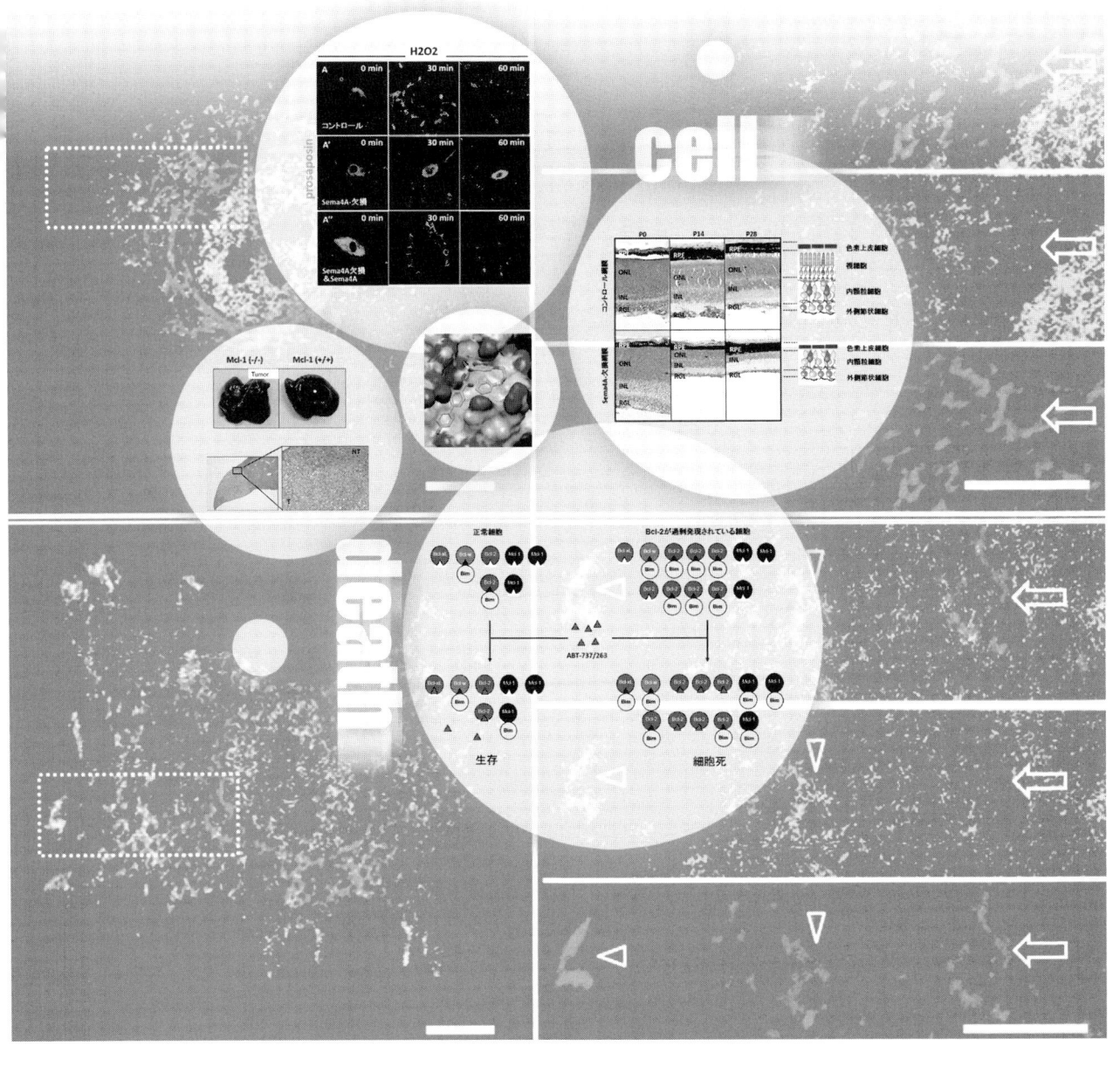

序　文

　多細胞生物において，細胞死は種々の生命現象および病理的な現象に関わっている。細胞死の分子レベルでの研究はアポトーシスを中心に行われてきたが，近年，哺乳動物細胞の死には遺伝子で制御された多様な機構が存在することが知られるようになり，注目を集めている。最近，これらの多様な細胞死機構をまとめるべく雑誌「Cell Death Differentiation」で取り上げられているが，この総説は個人的な見解として満足できる形になっていない。本企画の前半では，その問題点を指摘しながら多様な細胞死機構をどうまとめるべきか，われわれなりの考え方を述べており，有用なプラットフォームとなっているものと信じている。

　非アポトーシス型細胞死機構の中で注目されているものにネクロプトーシス（necroptosis）とオートファジック細胞死（autophagic cell death）がある。いずれも生理的な役割は今のところ明確でない。また，オートファジック細胞死に関しては研究者の間でも捉え方に本質的な違いがある。元来，発生期のプログラム細胞死の起こる領域で観察される細胞死の一形態として，その形態的特徴から提唱されたもので，つまり「オートファジーの活性化を伴う細胞死」ということである。ただ，この中には少なくとも2種類の細胞死が考えられる。1つはオートファジーが細胞死機構に関わっているもの，もう1つは細胞死に関与するのではなく，むしろ細胞の生のためのプロセスを伴ったものである。これらを厳密に区別しないでオートファジック細胞死を語ることは無用な混乱を招くものである。本特集では，その辺りを触れていただくべくオートファジーに依存した細胞死系の項を設けた。

　私のようにバックグラウンドが生物学であるものには，細胞死は「生」の対比的な現象であり，研究対象そのものとして興味をもつが，細胞死研究の1つの出口は言うまでもなく細胞死が関与する疾患の治療をめざした創薬開発であろう。アポトーシス研究が始まった1990年頃には，細胞死関連疾患にはアポトーシスがメインに関与するという誤解（錯覚あるいは期待）により，アポトーシス研究に対し疾患治療という観点から大きな希望が寄せられたが，研究が進むにつれ，実際にはアポトーシスが関与する疾患は意外に少ないことがわかってきた。細胞死が関連した疾患として，梗塞，神経変性疾患や糖尿病など多数知られているが，そこにアポトーシス以外の機構が関与することが明らかであるものの，実際に関わる細胞死機構の詳細，あるいは一部でも明らかになっているものは意外と少ないことを認めざるを得ない。今回のレビューにおいてもいくつかの疾患について最近の動向を書いていただいているが，そのことを強く実感されるのではないだろうか。特に分子標的薬をベースにし，これらの疾患治療をめざす場合，やはりそこに関わる細胞死機構を真摯に調べ上げ，明らかにすることが先決である。また，1つの疾患を取り上げても，複数の細胞死機構が1つの細胞内で並列的に関わっている可能性があり，また傷害を受けた組織内の別の細胞では別の細胞死機構が活性化されている可能性もあり，疾患に関わる細胞死というものは，その実体を把握するにはあまりにも複雑な系なのかも知れない。疾患に関与する細胞死機構が知られている数少ない例として，心筋梗塞や脳梗塞などでみられる虚血再灌流傷害を挙げることができる。虚血再灌流傷害は，シクロフィリンD依存的なミトコンドリア膜透過性遷移を介したネクローシスが関与することを，われわれはシクロフィリンD（ppif$^{-/-}$）欠損マウスを用い実験的に示した。シクロフィリン

D 欠損マウスのように細胞死機構に関与する因子の欠損マウスが作製されると，この細胞死機構が他の疾患にも関与する可能性を検証することが可能になり，その意義は非常に大きいものとなる。実際にシクロフィリン D 欠損マウスは種々の疾患モデルで利用され，筋ジストロフィーや多発性硬化症などいくつかの疾患モデル系でその病態に関与していることが報告されている。ネクロプトーシスに関しては，関与因子 RIP3 を欠損したマウスが作製されており，同様の目的に利用が可能である。さらに別の細胞死機構を欠損したマウスが作製されれば，疾患の理解もさらに深まると思われる。

　アポトーシスが関与する疾患の治療薬候補として，当初カスパーゼ阻害剤が有望視され多くの労力が払われてきた。しかし，カスパーゼ阻害剤はアポトーシスのシグナル伝達の下流を止めるものであり，細胞死そのものを抑制できないと言われてきたが，一方で下流のカスパーゼである caspase3/7 を欠損した細胞では，アポトーシスの上流の活性化，つまりシトクロム c のミトコンドリアからの遊離も抑制されているという報告があり，ポジティブフィードバックループの存在が示唆されている。そうだとすればカスパーゼ阻害剤がアポトーシスが関与する疾患で有効となる可能性がある。また，アポトーシスの重要な制御分子である Bcl-2 ファミリータンパクの中でアポトーシス抑制因子 Bcl-2 は，その因子の発見経緯からもわかるように B 細胞腫瘍にダイレクトに関わっているが，他の上皮性腫瘍にも関与していることが示唆されている。それゆえ Bcl-2 がそれらのがん治療の標的となると考えられ，ABT737 で牽引された ABT シリーズが作製されてきた。特に最近 Bcl-xL には働かず Bcl-2 を特異的に抑制する ABT199 が発表され，これにより血小板減少という副作用が回避でき，ABT199 はがん治療薬としての有効性が期待されている。

　創薬を考えた時に，1 つの方向性は上記のような特定の関与分子をターゲットにした分子標的薬の開発であるが，別のストラテジーとして，複数あるいはより多数の因子に影響を及ぼすことで総合的に治療に結びつけるというやり方が可能であり，その例として miRNA や HDAC 阻害剤などの利用が想定される。今回は，後者について HDAC 阻害剤の有用性などについての項を設けた。また，幸いなことに杭田先生に専門の分野から現在の細胞死関連標的薬の現状についてまとめていただくことができ，細胞死関連標的薬の現状を理解するための良い機会となったのではないかと思っている。

　本企画では，上記のテーマについて各分野で活躍中の先生方に執筆いただくことができ，この場を借りてお礼を申し上げたい。最後にこの特集が，細胞死研究をめざす若い研究者や将来疾患治療へと発展させようとする研究者の方々のお役に立つことを願っている。

大阪大学大学院医学系研究科遺伝医学講座遺伝子学教授　**辻本賀英**

遺伝子医学 MOOK 別冊

目　次

細胞死研究の今
− 疾患との関わり，創薬に向けてのアプローチ

編　集：辻本賀英（大阪大学大学院医学系研究科遺伝医学講座遺伝子学教授）

カラーグラビア ……………………………………………………………… 4
● 序文 ………………………………………………………………………… 12
　　　　　　　　　　　　　　　　　　　　　　　　　　辻本賀英

第①章　細胞死のメカニズム

1. 総説 ………………………………………………………………………… 18
　　　　　　　　　　　　　　　　　　　　　　　　　　惠口　豊
2. ネクロプトーシス（プログラムネクローシス）……………………… 25
　　　　　　　　　　　　　　　　　　　　　　今川佑介・惠口　豊
3. オートファジー細胞死の分子機構とその生体での役割 ……………… 32
　　　　　　　　　　　　　　　　　　　　　　　　　　清水重臣

第②章　細胞死と疾患

1. 心疾患における非アポトーシス性細胞死の役割−オートファジーとMPT−… 38
　　　　　　　　　　　　　　　　　　　　　　中山博之・大津欣也
2. ミスフォールドタンパク質による神経細胞死と治療戦略 …………… 44
　　　　　　　　　　　　　　　　　　守村敏史・高橋良輔・漆谷　真
3. がんと細胞死 ……………………………………………………………… 52
　　　　　　　　　　　　　　　　　　　　　　　　　　竹原徹郎
4. 糖尿病における膵島構成細胞の生死 …………………………………… 58
　　　　　　　　　　　　　　　　　　　　　　　　　　石原寿光
5. Bcl-2 タンパク質を標的とする化合物と作用機序の分子メカニズム ……… 63
　　　　　　　　　　　　　　　　　　　　　　　岡本　徹・松浦善治
6. 視細胞死とセマフォリンの役割 ………………………………………… 70
　　　　　　　　　　　　　　　　　　　　　　豊福利彦・熊ノ郷　淳

第 ③ 章　細胞死研究から創薬に向けてのアプローチ

1. 細胞死関連のトランスレーショナルメディシンの現状 ･･････････････････ 78
   杭田慶介
2. 細胞死制御分子の開発と応用　細胞死のケミカルバイオロジー ･･･････････ 85
   圚圚孝介・袖岡幹子
3. HDAC/Sirtuin 阻害剤・活性化剤と疾患治療 ･････････････････････ 92
   中川　崇

索引 ･･ 98

執筆者一覧 (五十音順)

石原寿光
日本大学医学部糖尿病・代謝内科　教授

今川佑介
奈良先端科学技術大学院大学バイオサイエンス研究科動物細胞工学
大阪大学大学院医学系研究科遺伝医学講座遺伝子学

漆谷　真
滋賀医科大学分子神経科学センター神経難病治療学分野　准教授

恵口　豊
大阪大学大学院医学系研究科遺伝医学講座遺伝子学　准教授

大津欣也
Cardiovascular Division, King's College London, Professor

岡本　徹
大阪大学微生物病研究所分子ウイルス分野　助教

杭田慶介
Translational Medicine, Takeda Cambridge US, Associate Scientific Fellow

熊ノ郷　淳
大阪大学大学院医学系研究科呼吸器アレルギー内科　教授

清水重臣
東京医科歯科大学難治疾患研究所病態細胞生物学分野　教授

袖岡幹子
理化学研究所袖岡有機合成化学研究室　主任研究員
科学技術振興機構 ERATO 袖岡生細胞分子化学プロジェクト　研究総括

高橋良輔
京都大学大学院医学研究科臨床神経学　教授

竹原徹郎
大阪大学大学院医学系研究科消化器内化学　教授

辻本賀英
大阪大学大学院医学系研究科遺伝医学講座遺伝子学　教授

闐闐孝介
理化学研究所袖岡有機合成化学研究室　研究員
科学技術振興機構 ERATO 袖岡生細胞分子化学プロジェクト　グループリーダー

豊福利彦
大阪大学免疫フロンティア研究センター感染病態分野　准教授

中川　崇
富山大学先端ライフサイエンス拠点　特命助教

中山博之
大阪大学大学院薬学研究科臨床薬効解析学分野　准教授

松浦善治
大阪大学微生物病研究所分子ウイルス分野　教授

守村敏史
滋賀医科大学分子神経科学センター神経難病治療学分野　助教

第①章
細胞死のメカニズム

第1章 細胞死のメカニズム

1. 総説

恵口　豊

　細胞死の分子機構の研究が本格的に始まって約30年が経過した．その間，多くの研究者がそれぞれユニークな観点から細胞死研究にアプローチし，われわれは細胞死に関する膨大な知識を得ることができた．少なくともアポトーシスの分子基盤の基本原理はかなり理解されたと思われるが，研究の多様なアプローチのおかげで細胞死の全体像はまだうまく整理できていないのが現状であり，そのため研究者の認識にも統一的見解は得られていないと思われる．本稿では，細胞死の分子メカニズムに特化し，その研究の現状と将来像について考察してみたい．

はじめに

　1972年，Kerrらが「アポトーシス（apoptosis）」という言葉を発明した[1]ことによって，それ以降の細胞死研究が方向づけられたといえる．細胞が死ぬ時に細胞の内容物が漏出しない「アポトーシス」は，医学的に利用できることが大いに期待されたことと，1980年代以降に相次いで発見された細胞死関連遺伝子，*BCL2*，*Fas*，*caspase* などがすべてアポトーシスに関与するものだったことが，細胞死研究がアポトーシスの解析に集中した理由である．その結果，アポトーシスのメカニズム解明が急速に進められ，その基本原理はかなり理解されたと思われる．一方，細胞死に関する研究成果があまりにもアポトーシス関連に集中したため，アポトーシス以外の細胞死はマイナーな細胞死と誤解されがちであったが，非アポトーシス細胞死も生体内で機能していることが近年の研究により明らかとなってきている．それに伴い，同じメカニズムが起動しても細胞によってはその細胞死形態が異なるケースも報告されはじめている．したがって，細胞死の総合的理解とそれを応用したトランスレーショナルメディシンには，細胞死形態による分類だけでなく，細胞死メカニズムを中心とした理解が非常に重要である．しかしながら細胞死の全体像に関しては，研究者の認識は一致しているとは言いがたいのが現状である．本稿では，細胞死研究の現状と細胞死の分子機構について論じてみたい．

Key Words

アポトーシス，ネクローシス，ネクロプトーシス，オートファジー，プログラム細胞死，Caspase-3, AIF, *ATG5*, *ATG6*, PLA2, CypD, RIP1, RIP3, PARP1, Caspase-1, Stat3, カテプシンB

I. 細胞死の種類とターミノロジー

　世界各国の代表的細胞死研究者によって組織されたNomenclature Committee of Cell Deathは近年の細胞死研究の隆盛に鑑みて，2009年に形態による細胞死の分類を，2012年に分子機構による細胞死の分類を，それぞれ試みた[2,3]。細胞死に関する知識がある程度深まりつつあったにもかかわらず，様々な細胞死の名称が氾濫していた状況を考えるとタイムリーで良い試みであったと思う。しかし，結果的には多くの情報を網羅的に記載しなければならない事情もあったため，形態や分子機構によるものの他に，生理機能あるいは生命現象によって定義づけられた名称も同一カテゴリー内に混在している。例えば，anoikisやmitotic catastropheのような生命現象を示す言葉がapoptosisやnecroptosisのような形態または特定の刺激による細胞死と同列に扱われていたりする。さらに，生理機能を分子機構で説明してしまおうというかなり乱暴な構成になっており，彼らの当初の目論見からはかけ離れた羅列的なものになっている。このように，細胞死の分類は専門家にとっても難しい課題である。細胞死の構造的特徴とは異なり，細胞死の生理的機能やその細胞死が関与する生命現象そのものは細胞死のメカニズムによって規定されるわけではないので，これらのカテゴリーの異なる名称を同じ土俵で議論することは正しくない。それぞれ別の視点からの分類であると考えるべきである。特定の細胞死の生理的機能や生命現象にどのような細胞死のメカニズムが関与しているのかを議論することは非常に重要であるが，両者を同列に扱わないほうがよい。

　ただし研究が進むにつれて，それぞれの言葉の定義が少しずつ変わってくることがあるので注意が必要である。例えば，1960年代にLockshinらによって命名された「プログラム細胞死（programmed cell death）」とこれから述べる「アポトーシス」はカテゴリーの違う用語であり，混同して使用することは避けるべきである。当初，個体発生において時空的に運命が規定されている細胞死という意味であった「プログラム細胞死」は，現在では遺伝学的に細胞あるいは生物に準備されている細胞死を意味する言葉としてとらえている研究者もいる。また，「アポトーシス」は形態学によって定義された言葉であるが，現在ではカスパーゼ依存的でありさえすれば典型的なアポトーシスの形態を示さなくてもその細胞死を「アポトーシス」と呼ぶ風潮がある。依然として「プログラム細胞死」と「アポトーシス」は同義語ではないが，研究とともにそれらの内容に対する認識が変化する傾向にある。こういう状況が，研究者の間でも細胞死のターミノロジーに統一的見解が得られない原因の1つなのかもしれない。Nomenclature Committee of Cell Deathでは，「Programmed」細胞死は発生，組織恒常性に関わる細胞死，「Regulated」細胞死は特定の分子機構によって進行する細胞死，「Accidental」細胞死は直接的な物理的ダメージによる細胞死を示す言葉として使用することを提唱しているが，依然としてファンクションとメカニズムを同列視しており，好ましいとは思えない。

II. 細胞死のメカニズム

　上述のような状況を考えると，細胞死をドライブしている分子メカニズムによって細胞死を分類し，そのうちどのタイプの細胞死メカニズムが特定の生理的機能や生命現象で機能しているかを議論することが重要であると思われる。したがって，細胞に用意されているすべての細胞死メカニズムを洗い出すことは細胞死研究の1つのアプローチであろう。本稿では，細胞死の実行に特定の因子が必須であることがこれまでの研究によって明らかになっているものに関して総括したい。

　メカニズムが明らかになっている細胞死とは特定の分子機構によって進行する細胞死である。それぞれのメカニズムにおいて主に機能している遺

伝子の欠損あるいは発現抑制によって，細胞死が抑制されることが示されている．場合によっては，主要な機能分子に対する阻害剤によって抑制されるが，必ずしも対応する阻害剤が存在するとは限らない．分子機構（の一部）が明らかにされている細胞死メカニズムを表❶にまとめた．多くの文献では，細胞死の名称を細胞死メカニズムの名称に流用しているが，ここでは意図的にそういう表記を避けた．例えば，非常によく研究されているアポトーシスの多くはCaspase-3/7に依存して起こるが（後述参照），アポトーシスは細胞死メカニズムを定義する言葉ではないので，ここで機能しているメカニズムは「Caspase-3/7依存的細胞死メカニズム」であると表現する．このCaspase-3/7に依存した細胞死はカスパーゼの阻害剤であるz-VAD-FMKによって抑制される．z-VAD-FMKによって抑制されない細胞死では「Caspase-3/7依存的細胞死メカニズム」以外のメカニズムが機能している可能性が非常に高いが，z-VAD-FMKはカスパーゼ以外の酵素活性も阻害するので，z-VAD-FMKによって抑制されたからといって，必ずしも「Caspase-3/7依存的細胞死メカニズム」が機能しているといえないことに注意する必要がある．他の細胞死メカニズムにおける阻害剤の取り扱いにも同様の注意が必要である．

一方，アポトーシスに分類されない，いわゆる「非アポトーシス型細胞死」も生体内で機能していると古くから考えられていたが，そのメカニズムの解析はアポトーシスほど進んでいない．形態的に明らかに「非アポトーシス型細胞死」であるものの多くは，z-VAD-FMKによって抑制されない「Caspase-3/7非依存的細胞死メカニズム」により進行すると考えられてきたが，Caspase-3/7依存的な細胞死でも，その下流のシグナル伝達経路によってはアポトーシスの形態を示さない場合もある．逆に，Caspase-3/7に依存しないアポトーシス型細胞死も存在する．このように，細胞死の形態と細胞死メカニズムが1対1で対応しているわけではないので，現状では細胞死をそのメカニズムで分類し理解することが重要と考えられる．このような観点から，「Caspase-3/7非依存的細胞死メカニズム」の解明が現在精力的に進められており，いくつかのメカニズムが発見されている（表❶）．これらの細胞死メカニズムについて以下に詳述する．

III．Caspase-3/7依存的細胞死

「細胞が死ぬ」という現象が生理学的に重要な生命現象であることは古くから認識されていたが，そのメカニズムの解析はKerrらが発明した「アポトーシス」という言葉によって方向づけら

表❶　様々な細胞死メカニズム

細胞死メカニズム	主要な機能分子	特異的阻害剤	特徴
Caspase-3/7依存的細胞死	Caspase-3/7	z-VAD-FMK	多くのアポトーシス，核の凝縮断片化，細胞質断片化
AIF/EndoG依存的細胞死	AIF, EndoG		Caspase-3/7非依存的なアポトーシス
ATG5/6依存的細胞死	ATG5, ATG6	3-メチルアデニン	オートファジーが顕著に見える
iPLA2依存的細胞死	iPLA2	BEL	核の凝縮
CypD依存的細胞死	CypD	シクロスポリンA	ミトコンドリアの膜透過性増大，ネクローシス
RIP1/RIP3依存的細胞死	RIP1/RIP3	ネクロスタチン-1	death receptor刺激によるネクロプトーシス，ネクローシス様
PARP1依存的細胞死	PARP1, AIF	PJ34, DPQ	パータナトスで機能
Caspase-1依存的細胞死	Caspase-1, Cathepsin B		パイロプトーシス，パイロネクローシスで機能
Stat3依存的細胞死	Stat3, Cathepsins		乳腺の退縮過程で機能

れたといえる[1]。彼らは虚血急性期の肝臓の顕微鏡観察において，膨潤あるいは破裂した細胞の他に丸くて小さく，凝縮してバラバラになった核クロマチンをもつ死細胞を発見した。この形態を示す細胞死が生物種を越えて様々な組織で観察されることから，この細胞死を「アポトーシス（apoptosis）」と名づけた。したがって，「アポトーシス」は細胞の形態によって定義される細胞死の名前である。この提唱により，死細胞の形態がアポトーシスとネクローシスの2つのタイプに集約され，これ以降，アポトーシスは炎症を誘導しない「静かな細胞死」，細胞の内容物が漏出するネクローシスは障害性の「有害な細胞死」という対比的なイメージが定着した。「静かな細胞死」は発生学的にも臨床的にも有益な細胞死と考えられたため，アポトーシスのメカニズム解明が細胞死研究の中心に据えられ，1990年あたりに始まったアポトーシスブームとも呼ばれる精力的な研究によって，かなり明らかにされてきた。

アポトーシスはFas，TNFレセプター刺激や，グルココルチコイド，カルシウム負荷などによる刺激のほか，DNA損傷，細胞周期の破綻，細胞接着阻害，栄養因子の除去などにより誘導される。各刺激は細胞内の様々な反応を誘起するが，多くの場合，主に2つの経路を通ってCaspase-3の活性化を誘導する（図❶）。

Fas抗原やTNFレセプターのような細胞表面の「death receptor」がリガンドや抗体により活性化すると，その細胞内ドメインを介してCaspase-8が活性化する。活性化したCaspase-8は，タイプⅠに分類される細胞では直接Caspase-3/7を切断活性化する。一方，タイプⅡに分類される細胞では，細胞内のBH3-onlyタンパク質であるBIDを切断し，Bak/Baxタンパク質を介してミトコンドリアに刺激が入る。また，DNA損傷や酸化ストレス，小胞体ストレスなどの細胞内に起因する細胞死刺激においても，様々な反応を介してBim，Noxa，Pumaなどの

BH3-onlyタンパク質の活性化を誘導し，ミトコンドリアに刺激が入る。刺激を受けたミトコンドリアからシトクロムcなどの細胞毒性因子が細胞質に漏出し，細胞質に存在するApaf-1とともにCaspase-9を活性化する。活性化したCaspase-9はCaspase-3/7を切断活性化する。活性化したCaspase-3/7はICADなどの細胞内基質を切断活性化し，アポトーシス特有の形態変化を誘導する。ただし，Caspase-3/7の下流の反応が何らかの理由で機能しない時には，アポトーシスの形態を示さない。Caspase-3/7に依存して起こる細胞死はカスパーゼ阻害剤であるz-VAD-FMKを添加することによって抑制される。

このメカニズムにおいて，上流に位置するinitiator caspase（Caspase-8とCaspase-9）が下流に位置するeffector caspase（Caspase-3/7，場

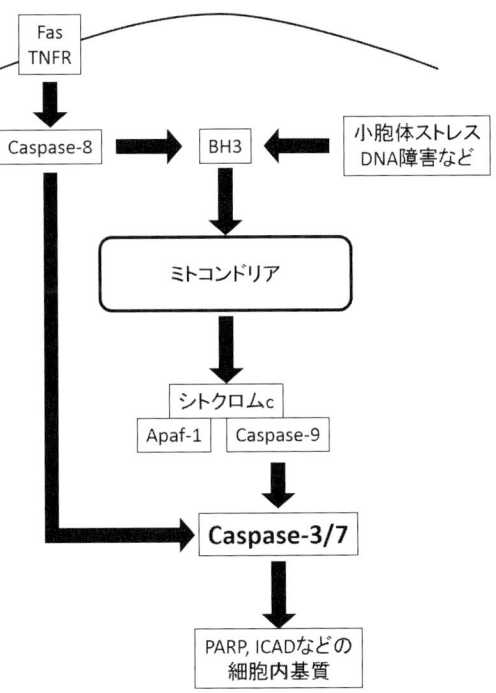

図❶ Caspase-3/7依存的細胞死の実行経路

細胞死刺激から核の変化に至る反応において，主に機能していると考えられている経路のみを示している。いくつかの因子はリン酸化その他の翻訳後修飾により調節を受けている。

合によってはCaspase-6）を切断活性化するという図式はショウジョウバエからヒトまで保存されている。線虫ではCed-3がCaspase-3/7の役割を担っている。

Ⅳ. Caspase-3/7非依存的細胞死

Caspase-3/Caspase-7ダブルノックアウトマウスは遺伝的背景によっては部分的に余分な細胞集団を伴う場合もあるが，おおむね正常に発生するので，生体内ではCaspase-3/7依存的細胞死メカニズム以外のメカニズムも機能していると考えられる。21世紀に入り，Caspase-3/7非依存的細胞死の機能解析が始まり，表❶に示すようないくつかの細胞死メカニズムの存在が明らかとなった。

1. AIF/EndoG依存的細胞死

上述したミトコンドリアを介するCaspase-3/7依存的細胞死メカニズムと同様，ミトコンドリアからAIF（apoptosis-inducing factor）とDNaseであるEndoGが細胞質に放出され，核に移行して染色体DNAを切断する[4)5)]。この時カスパーゼの活性化はみられず，Caspase-3/7非依存的にアポトーシスの形態を呈して細胞死が起きる。

2. ATG5/6依存的細胞死

Schweichelが1973年にプログラム細胞死を形態により3種に分類し[6)]，Clarkeによって1990年にType 1アポトーシス，Type 2オートファジー細胞死，Type 3ネクローシスの3種に整理された[7)]。細胞の内容物が漏出しない非アポトーシス型細胞死としてオートファジー細胞死が提唱されたが，この時点では単純にオートファゴソームが大量に観察されるという意味でしかなかった。2004年に清水らによって，オートファジーに必須の遺伝子である*ATG5*，*ATG6*に依存して起こるCaspase-3/7非依存的細胞死メカニズムが発見された[8)]（第1章3参照）。この細胞死メカニズムは，オートファゴソームが観察されるがオートファジーを阻害しても抑制されない細胞死とは異なり，オートファジーの活性化に依存していることに加えて，同時に起こるJNKの活性化も関与している点が特徴的である。

3. iPLA2依存的細胞死

2003年，新澤らは低酸素／低グルコースによってカスパーゼ非依存的に核が極端に凝縮する細胞死を解析し，iPLA2に依存する細胞死メカニズムが機能していることを発見した[9)]。低酸素／低グルコース処理によって，細胞質のiPLA2が核に移行する。このメカニズムはPLA2阻害剤であるBELによって抑制される。iPLA2の活性化にp38の活性化を必要とする[10)]。

4. CypD依存的細胞死

以前より，ミトコンドリアをCa^{2+}で処理すると，ミトコンドリア内膜の膜透過性遷移（permeability transition）が起こり，ミトコンドリア膜電位が失われる現象が知られていた。この膜透過性遷移はミトコンドリアのcyclophilin D（CypD）に依存して起こり，CypDの阻害剤であるシクロスポリンA（CsA）で効率よく抑制される。2005年に中川らとBainesらは独立にCypDノックアウトマウスを作製し，心筋の虚血再還流傷害が緩和されること，Ca^{2+}負荷や酸化ストレスによる細胞死が抑制されることを見出した[11)12)]。このCypD依存的細胞死はCsAで効率よく抑制される。

5. RIP1/RIP3依存的細胞死

2000年頃から「death receptor」刺激によるアポトーシスをz-VAD-FMKで抑制した時に，別の細胞死機構が活性化されることが知られていた。2005年にこの細胞死（ネクロプトーシス）がRIP1の阻害剤であるネクロスタチン-1（Nec-1）で抑制されること[13)]，続いてRIP3に依存して起こることが明らかにされた[14)15)]（第1章2参照）。RIP1は通常Caspase-8によって切断不活化されるが，Caspase-8が機能しない条件下ではリン酸化により活性化され，下流のRIP3, MLKL, PGAM5を介してミトコンドリアへシグナルが伝達される。

6. PARP1依存的細胞死

マイルドなDNA障害時にはPARP1はDNA修復系とともに機能している。しかし，過剰なDNA障害が細胞に加わるとPARP1の過剰な活性化が起こり，細胞内のNAD$^+$とATPの枯渇，およびミトコンドリア障害性のpoly（ADP-ribose）の蓄積が生じる。poly（ADP-ribose）はAIFと結合し，NAD$^+$とATPの枯渇と協同して細胞死を誘導する[16]。このメカニズムによる細胞死はパータナトス（parthanatos）と呼ばれ，梗塞，糖尿病，炎症，神経変性に関わっているとされる。

7. Caspase-1依存的細胞死

マクロファージに病原体が侵入するとインフラマソームの形成を介してCaspase-1を活性化し，サイトカインを分泌して炎症免疫反応を誘導するとともに，パイロプトーシスと呼ばれるネクローシス型細胞死を誘導する。ヒト単球細胞も同様の状況でパイロネクローシスと呼ばれる細胞死を誘導するが，2011年，茂呂らはこの細胞死もパイロプトーシス同様Caspase-1依存的であることを示した[17]。Caspase-1のプロテアーゼ活性は不必要と考えられるが，結論は出ていないようである。また，この細胞死はカテプシンBの阻害剤であるCA-074Meによって抑制されるので，カテプシンB依存性であると考えられる。

8. Stat3依存的細胞死

哺乳類では，授乳を終了すると乳腺上皮細胞が細胞死を起こして退縮する。この細胞死に関しては古くからCaspase-3/7, -6の活性化は確認できるものの，アポトーシスの形態を示さないことが知られていた。2011年にこの細胞死がStat3に依存して起こることが示され，リソソームプロテアーゼであるカテプシンの細胞質での活性が上昇することが示された[18]。ただし，この細胞死がカテプシンに依存しているかどうかは不明である。

おわりに

アポトーシスの主な細胞死メカニズムであるCaspase-3/7依存的細胞死に関してはかなり研究が進んでおり，Caspase-3/7の活性化に至る上流のシグナル伝達系についても詳細が明らかにされつつある。一方，Caspase-3/7非依存的細胞死のうちでメカニズムが解析されているのは一部のものにとどまっているだけでなく，それぞれのシグナル伝達系の一部のみが明らかにされている状態であるため，現状では各論にならざるを得ない。いくつかのCaspase-3/7非依存的細胞死は，メカニズムを一部共有している可能性もある。例えば上述したCaspase-1依存的細胞死とStat3依存的細胞死は細胞死としては全く別物であるが，もしかするとカテプシンに依存する細胞死メカニズムを共有しているのかもしれない。今後，それぞれの細胞死のメカニズムが明らかにされることによって，細胞死のメカニズムベースでの理解が深まるとともに機能や形態による分類と合わせて細胞死の全体像を考えることができるようになると期待される。

参考文献

1) Kerr JF, et al : Br J Cancer 26, 239-257, 1972.
2) Kroemer G, et al : Cell Death Differ 16, 3-11, 2009.
3) Galluzzi L, et al : Cell Death Differ 19, 107-120, 2012.
4) Susin SA, et al : Nature 397, 441-446, 1999.
5) Li LY, et al : Nature 412, 95-99, 2001.
6) Schweichel JU, et al : Teratology 7, 253-266, 1973.
7) Clarke PG : Anat Embryol (Berl) 181, 195-213, 1990.
8) Shimizu S, et al : Nat Cell Biol 6, 1221-1228, 2004.
9) Shinzawa K, Tsujimoto Y : J Cell Biol 163, 1219-1230, 2003.
10) Aoto M, et al : FEBS Lett 583, 1611-1618, 2009.
11) Nakagawa T, et al : Nature 434, 652-658, 2005.
12) Baines CP, et al : Nature 434, 658-662, 2005.

13) Degterev A, et al : Nat Chem Biol 1, 112-119, 2005.
14) He S, et al : Cell 137, 1100-1111, 2009.
15) Cho YS, et al : Cell 137, 1112-1123, 2009.
16) Wang Y, et al : Sci Signal 4, ra20, 2011.
17) Motani K, et al : J Biol Chem 86, 33963-33972, 2011.
18) Kreuzaler PA, et al : Nat Cell Biol 13, 303-309, 2011.

恵口　豊
1982年　大阪大学理学部生物学科卒業
1987年　大阪大学大学院理学研究科博士課程修了，理学博士
　　　　米国NIH客員研究員
1990年　米国ウィスタ研究所共同研究員
1992年　大阪大学医学部遺伝子学研究部助手
1996年　同助教授
2001年　大阪大学大学院医学系研究科遺伝子学教室助教授
2007年　同准教授

細胞死メカニズムの全容を明らかにし，それを通して細胞死の総合的理解をする，いわば「細胞死学」の創成をめざしている。

第1章 細胞死のメカニズム

2. ネクロプトーシス（プログラムネクローシス）

今川佑介・惠口　豊

これまでプログラム細胞死の研究はアポトーシスを中心に行われてきたが，アポトーシスの全容が解明されるにつれて，非アポトーシス型のプログラム細胞死にも注目が集まっている。その非アポトーシス型プログラム細胞死の中で，今注目されているのがネクロプトーシス（プログラムネクローシス）である。ネクロプトーシスは，その制御因子および阻害剤の同定をきっかけに多くの研究者が活発に研究を行っている。本稿では，その特徴および実行経路，生理的役割について概説する。

はじめに

プログラム細胞死は，本来は胚発生において時期および部位特異的に起こる細胞自身に備わる自発的（計画的）な細胞死を示す言葉である。この細胞死は時空間的に制御されることから，遺伝子において制御される細胞死であることが示唆される。そのため近年においては，プログラム細胞死を遺伝学的に制御された細胞死ととらえることもある。本稿においては，プログラム細胞死を遺伝子により制御された細胞死として解説を行う。

これまで遺伝子により制御される細胞死（プログラム細胞死）はアポトーシスと同義に語られてきたが，近年アポトーシスはプログラム細胞死の1つに過ぎず，非アポトーシス型の細胞死も同様に後生生物のプログラム細胞死において重要な役割を担っていると考えられはじめている。以前から，炎症性サイトカイン tumor necrosis factor（TNF）がある種の細胞ではアポトーシスではなくネクローシス様の細胞死を誘導することが知られていた[1]。しかし，その分子メカニズムが不明であったため，「ネクローシス＝制御されていない細胞死」という認識が広く浸透してきた。近年になり，TNFやFasリガンドなどのデスリガンドにより誘導されるネクローシス様細胞死に，receptor-interacting protein kinase 1（RIP1またはRIPK1）が関わることが示唆された[2]。さらに，TNFにより誘導されるネクローシス型細胞死を抑制する化合物のスクリーニングによりnecrostatin-1（Nec-1）と名づけられた化合物

Key Words

アポトーシス，ネクローシス，ネクロプトーシス（プログラムネクローシス），プログラム細胞死，TNF，デスレセプター，caspase-8，RIP1，RIP3，MLKL，PGAM5，Drp1，オートファジー，ネクロソーム（complex IIb），necrostatin-1（Nec-1），necrosulfonamide（NSA），活性酸素種（ROS），ミトコンドリア

が同定され，「制御されたネクローシス」の実例の1つとして，この細胞死がネクロプトーシスと名づけられた[3]。その後，Nec-1の標的分子がRIP1であり，RIP1のキナーゼ活性を阻害することでネクロプトーシスを抑制することも明らかにされた[4]。これら一連の発見により，遺伝子による制御を受けた（プログラムされた）ネクローシスの存在が認知されるようになった。このことから，ネクロプトーシスはプログラムネクローシスとも呼ばれている。

Ⅰ．ネクロプトーシスの特徴

ネクロプトーシスは一般にカスパーゼの活性が阻害された環境下で，デスレセプターを介した刺激により誘導されるネクローシス型の細胞死として認識されている。後述のように，その実行にはRIP1およびRIP3が必須である。ネクロプトーシスの形態的特徴は，表❶に示すようにアポトーシスとは大きく異なり，細胞膜の破綻，核の凝縮，細胞質の透明化，オルガネラの膨潤を示す[3]。

またネクロプトーシス条件下において，オートファゴソームの形成も観察される。L929細胞やU937細胞ではオートファジーの阻害剤である3-methyladenine（3-MA）存在下や，オートファジーに必須の遺伝子である*Atg7*，*Beclin-1*のノックダウンにより，ネクロプトーシスが抑制されることが報告されている[5]。その一方で，BALB/c 3T3細胞やFADD欠損Jurkat細胞のように，3-MA存在下や*Beclin-1*のノックダウンによってもネクロプトーシスが抑制されないとの報告もある[3]。さらに，オートファジー必須因子*Atg5*遺伝子欠損マウス胚性線維芽細胞（MEF）においてもネクロプトーシスは抑制されない[3]。このことから，オートファジーのネクロプトーシスにおける役割は今後さらなる解析が必要である。

さらに，活性酸素種（ROS）の産生がネクロプトーシスの実行に必要であるという報告もある。しかし，Jurkat細胞やU937細胞など抗酸化剤によってネクロプトーシスを抑制できないものと，L929細胞やMEFなど抑制できるものがともに報告されている[3,6,7]。また，c-jun N-terminal kinase（JNK）はROSによって活性化されるが，L929細胞においてはJNK阻害剤によりネクロプトーシスが抑制されることも報告されている[8]。このことから，ネクロプトーシスにおけるROSの必要性は細胞種に依存すると考えられ，今後の詳細な解析が待たれる。

Ⅱ．ネクロプトーシスの実行経路

1. ネクロプトーシスの活性化

ネクロプトーシスはTNF受容体，Fas（CD95），TNF-related apoptosis-inducing ligand（TRAIL）受容体などのデスレセプターにリガンドが結合することで誘導される。通常，これらの受容体はアポトーシス経路を活性化するが，アポトーシスの実行因子であるカスパーゼ（特にcaspase-8）の活性が阻害された状況下ではネクロプトーシスを誘導する[2]。ネクロプトーシス誘導経路の中で最もよく理解されているのがTNF受容体を介する系である。図❶に示すように，TNF受容体（TNFR1）はTNFの刺激を受けるとその細胞内領域にタンパク質複合体を形成し，下流にシグナルを伝達する。TNF刺激を受ける細胞の種類と状況に応じて形成される複合体が異なり，細胞の生存および炎症反応，アポトーシス，ネクロプトーシスのいずれかが実行される。

2. ネクロプトーシス実行因子

（1）RIP1/RIP3

ネクロプトーシスの中心的な実行因

表❶ アポトーシスとネクロプトーシスの形態的特徴

	アポトーシス	ネクロプトーシス
細胞膜	ブレビング（膜の波打ち）	破綻
核	断片化	凝縮
細胞質	凝縮	透明化
細胞小器官	影響が少ない	膨潤・損傷

2. ネクロプトーシス（プログラムネクローシス）

図❶ TNF受容体を介したネクロプトーシスの活性化

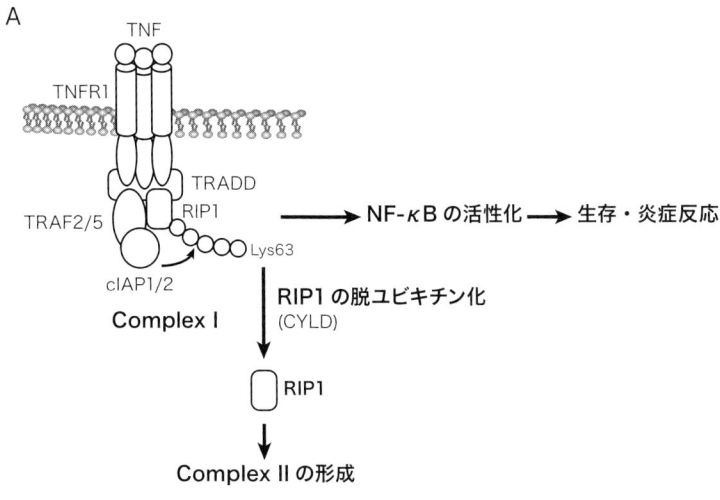

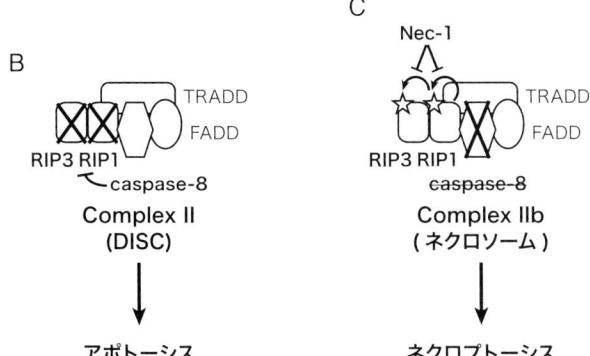

A. TNF受容体（TNFR1）にリガンドであるTNFが結合すると，受容体の立体構造変化が起き，その細胞内領域にTARDD，RIP1，TRAF2，TRAF5，cIAP1，cIAP2で構成されるcomplex Iと呼ばれるタンパク質複合体を形成する。この複合体の中でRIP1は，ユビキチン化酵素cIAPにより63番目のリジン残基（Lys63）を介したポリユビキチン化を受け[22]，その下流でNF-κBを活性化し生存因子および炎症性サイトカインの遺伝子発現を促す[23]。しかし，cIAPの阻害やLys63脱ユビキチン酵素cylindromatosis（CYLD）によりRIP1が脱ユビキチン化されると，RIP1はcomplex II（DISC）と呼ばれる複合体を形成し，2つの異なるタイプの細胞死のシグナルを伝達する。

B. complex IIは，RIP1とRIP3，TRADD，FADD，caspase-8からなり，caspase-8は自己の切断を通して活性化し，アポトーシスを誘導する。また，caspase-8はRIP1/RIP3を切断し不活性化することでネクロプトーシスの誘導に必要なcomplex IIbの形成を阻害している。

C. caspase-8が欠損またはその活性が阻害されると，RIP1とRIP3はcomplex IIb（ネクロソーム）と呼ばれる複合体を形成し，RIP1の自己リン酸化とそれに続くRIP3のリン酸化によりネクロプトーシス誘導シグナルを伝達する。

TRADD：TNF receptor-associated death domain protein
TRAF：TNF receptor associated factor
cIAP：cellular inhibitor of apoptosis
FADD：Fas-associated protein with death domain
☆：リン酸基

子として RIP1 と RIP3 が知られている。RIP1 と RIP3 はともにセリン・スレオニンキナーゼファミリーに属し，N 末端側にキナーゼドメイン，C 末端側に RIP homotypic interaction motif (RHIM) をもつ。RIP1 と RIP3 は RHIM を介して相互作用する。

TNF 刺激により形成されるタンパク質複合体 (complex Ⅰ) に含まれる RIP1 が脱ユビキチン化されると，RIP1 は RIP3, TRADD, FADD, caspase-8 とともに complex Ⅱ (death-inducing signaling complex：DISC) と呼ばれる複合体を形成する (図❶B)。このとき，RIP1 と RIP3 は caspase-8 による切断を受け不活性化している。しかし，caspase-8 が欠損またはその活性が阻害されると，RIP1 と RIP3 は complex Ⅱb (ネクロソーム) と呼ばれる複合体を形成しネクロプトーシスを誘導する (図❶C)。RIP1 と RIP3 の変異体を用いた解析から，TNF 誘導性ネクロプトーシスの実行には，それぞれのキナーゼ活性と RHIM を介した RIP1/RIP3 複合体の形成が必須であることが明らかになっている[9)10)]。

図❷ RIP1/RIP3 複合体と MLKL/PGAM5 を介したネクロプトーシスシグナル伝達経路

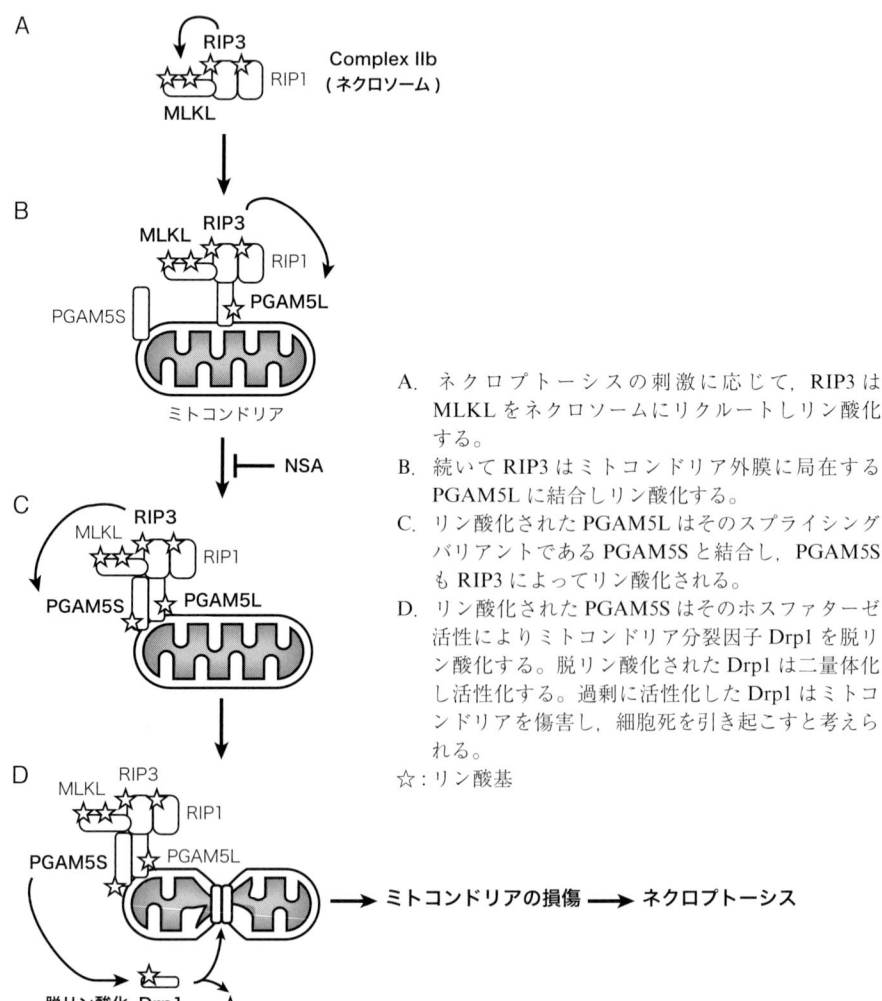

A. ネクロプトーシスの刺激に応じて，RIP3 は MLKL をネクロソームにリクルートしリン酸化する。
B. 続いて RIP3 はミトコンドリア外膜に局在する PGAM5L に結合しリン酸化する。
C. リン酸化された PGAM5L はそのスプライシングバリアントである PGAM5S と結合し，PGAM5S も RIP3 によってリン酸化される。
D. リン酸化された PGAM5S はそのホスファターゼ活性によりミトコンドリア分裂因子 Drp1 を脱リン酸化する。脱リン酸化された Drp1 は二量体化し活性化する。過剰に活性化した Drp1 はミトコンドリアを傷害し，細胞死を引き起こすと考えられる。

☆：リン酸基

(2) MLKL

最近，新たなネクロプトーシス阻害剤として，necrosulfonamide（NSA）が同定された[11]。NSAはmixed lineage kinase domain-like protein（MLKL）のN末端コイルドコイルドメインに結合し，その働きを阻害する[11]。MLKLは，ネクロプトーシス条件下でRIP3によりネクロソームにリクルートされ，リン酸化される。MLKLのリン酸化部位に変異を導入すると，ネクロプトーシスのシグナルが伝達されなくなることから，MLKLはRIP3の基質となりネクロプトーシスを仲介すると考えられる（図❷A）[11,12]。しかし，MLKLは酵素的な機能を有していない。このことから，MLKLはRIP1/RIP3複合体から下流の因子へシグナルを伝達するための足場として働くと考えられる[11,12]。

(3) PGAM5

TNF誘導ネクロプトーシス条件下でRIP3によりリン酸化されるタンパク質として，phosphoglycerate mutase family member 5（PGAM5）が同定された[13]。PGAM5はミトコンドリア外膜に局在するセリン・スレオニンホスファターゼであり，2つのスプライシングバリアント（PGAM5L/PGAM5S）が存在する。

MLKLをリクルートしたネクロソームはそれぞれのPGAM5と結合し，それらをリン酸化する（図❷B，C）。新たに同定されたネクロプトーシス阻害剤NSAは，ネクロソームへのPGAM5Sの結合を阻害し，ネクロプトーシスを抑制していると考えられる[13]。ネクロソームに結合しリン酸化されたPGAM5Sは自身のホスファターゼ活性を活性化し，ミトコンドリア分裂因子dynamin-related protein 1（Drp1）を脱リン酸化する。脱リン酸化され過剰に活性化したDrp1はミトコンドリアを傷害し，細胞死を引き起こすと考えられる（図❷D）[13]。

III．ネクロプトーシスの生理的・病理的意義

1．ネクロプトーシスの生理的役割

(1) 胚発生におけるネクロプトーシス

ネクロプトーシスに必須の因子であるRIP3の遺伝子欠損マウスは正常に発生し，成熟する[14]。このことから，ネクロプトーシスが発生過程において器官形成など必須の役割を果たしている可能性は低い。一方で，FADDやcaspase-8の遺伝子欠損マウスは胎生11.5日前後に心血管系の異常により胎生致死になることが知られている[15,16]。この原因は長い間不明であったが，最近，FADD遺伝子欠損マウスとRIP1遺伝子欠損マウス，あるいはcaspase-8遺伝子欠損マウスとRIP3遺伝子欠損マウスを交配すると，それぞれの胎生致死の表現型が回復することが明らかになった[17,18]。このことから，正常な発生過程においてFADD/caspase-8依存的な経路がネクロプトーシスを抑制しており，それが障害されるとネクロプトーシスが誘導され胎生致死に至ることが示唆される。

(2) ウイルス感染とネクロプトーシス

アポトーシスはウイルスに感染した細胞を除去することで個体を感染から守ることが知られている。これに対抗して，ウイルスは様々なアポトーシスの阻害因子の遺伝子をもつ。例えば，ワクシニアウイルスはB13R/Spi2と呼ばれるカスパーゼ阻害因子を発現し，宿主のアポトーシスを抑制する。しかしながら，ワクシニアウイルスに感染したT細胞および線維芽細胞は，アポトーシスに代わりTNF誘導性のネクローシスを起こすようになる[10,19]。このネクローシスはRIP3遺伝子欠損MEFでは抑制される[10]。さらに，RIP3遺伝子欠損マウスにワクシニアウイルスを感染させるとTNFの産生は起こるが，ウイルスが感染した組織にネクローシスが誘導できず，体内でのウイルスの増殖を抑えることができない[10]。同

様に，牛痘ウイルスがもつカスパーゼ阻害因子 cytokine response modifier A（CrmA）を発現する細胞も，RIP1 依存的に TNF 誘導性のネクローシスを起こす[20]。このことから，ネクロプトーシスの生理的な役割の 1 つは，ウイルスに感染した細胞がアポトーシスを阻害されたとき代償的にウイルス感染細胞を除去することにあると考えられる。

2．ネクロプトーシスの病理的役割

ネクロプトーシスの病理的な役割として，マウス脳梗塞モデルや外傷性脳損傷モデルで観察されるネクローシス様の神経細胞死が報告されている[3]。これらの細胞死は，Nec-1 によって抑制され，病態が改善する。また，セルレイン誘発急性膵炎モデルにおいて RIP3 遺伝子欠損マウスでは耐性を示すことも報告されている[9]。さらに，腸上皮細胞特異的 caspase-8 遺伝子欠損マウスおよびクローン病患者において観察されるパネート細胞のネクローシス様細胞死が Nec-1 によって抑制されることも報告されている[21]。このことから，様々な疾患において観察されるネクローシス様細胞死がネクロプトーシスであり，これらの細胞死を制御し病態を改善できる可能性が指摘されている。

おわりに

近年，様々なネクローシス様細胞死が RIP1 および RIP3 に制御される細胞死，または Nec-1 により抑制される細胞死，すなわちネクロプトーシスとして報告されている。ネクロプトーシスの特徴の章で述べたように，ネクロプトーシスにおけるオートファジーや ROS の役割は細胞によって一致しておらず，まだネクロプトーシスについて完全に理解しているとは言いがたい。しかし，ネクロプトーシスの研究は今まさに発展途上にあり，これから詳細が明らかにされるにつれて，この細胞死を制御することも可能になるだろう。これまで制御できない細胞死として考えられていたネクローシスが制御可能であることが示されたことは，基礎生物学的にも医学的にも，その意義は非常に大きい。

参考文献

1) Laster SM, et al : J Immunol 141, 2629-2634, 1988.
2) Holler N, et al : Nat Immunol 1, 489-495, 2000.
3) Degterev A, et al : Nat Chem Biol 1, 112-119, 2005.
4) Degterev A, et al : Nat Chem Biol 4, 313-321, 2008.
5) Yu L, et al : Science 304, 1500-1502, 2004.
6) Vercammen D, et al : J Exp Med 187, 1477-1485, 1998.
7) Lin Y, et al : J Biol Chem 279, 10822-10828, 2004.
8) Kim Y-S, et al : Mol Cell 26, 675-687, 2007.
9) He S, et al : Cell 137, 1100-1111, 2009.
10) Cho YS, et al : Cell 137, 1112-1123, 2009.
11) Sun L, et al : Cell 148, 213-227, 2012.
12) Zhao J, et al : Proc Natl Acad Sci USA 109, 5322-5327, 2012.
13) Wang Z, et al : Cell 148, 228-243, 2012.
14) Newton K, et al : Mol Cell Biol 24, 1464-1469, 2004.
15) Yeh WC, et al : Science 279, 1954-1958, 1998.
16) Varfolomeev EE, et al : Immunity 9, 267-276, 1998.
17) Zhang H, et al : Nature 471, 373-376, 2011.
18) Kaiser WJ, et al : Nature 471, 368-372, 2011.
19) Li M, Beg AA : J Virol 74, 7470-7477, 2000.
20) Chan FK-M, et al : J Biol Chem 278, 51613-51621, 2003.
21) Günther C, et al : Nature 477, 335-339, 2011.
22) Bertrand MJM, et al : Mol Cell 30, 689-700, 2008.
23) Ea C-K, et al : Mol Cell 22, 245-257, 2006.

今川佑介
2002年　三重大学生物資源学部卒業
2008年　奈良先端科学技術大学院大学バイオサイエンス研究科博士後期課程修了（バイオサイエンス学博士）
　　　　大阪大学大学院医学系研究科特任研究員

生体内（特に胚発生期）における非アポトーシス型プログラム細胞死の研究を行っている。

第1章 細胞死のメカニズム

3. オートファジー細胞死の分子機構とその生体での役割

清水重臣

　自己構成成分を分解するシステムであるオートファジーは，多くの場合は生に貢献するために機能している．しかしながら，細胞に強い刺激が加わると過剰なオートファジーとともにJNKが活性化され，オートファジーを介した細胞死が実行される．このオートファジー細胞死は，アポトーシスの代替機構として傷害細胞や不必要な細胞の処理を担っている．

はじめに

　われわれの体が正常に発生し恒常性を保って生きていくためには，細胞死が細胞増殖・分化と協調して機能することが必要不可欠である．一時代前には，細胞死は生存プロセスの崩壊によってもたらされる受動的な生命現象であると認識されており，生命科学の研究対象としては十分な広がりがみられなかった．その後，プログラム細胞死あるいはアポトーシスの概念に理解が進むと，生体における細胞死の多くはアポトーシスであると考えられるようになり，そのメカニズムや生体での役割に関心がもたれるようになった．しかしながら，さらにアポトーシスの分子機構が明らかになると，アポトーシスによる細胞死のみでは説明できない生命現象が数多く存在し，非アポトーシス細胞死の重要性が明らかとなっていった．現在，細胞死の分類は，"molecular definitions of cell death subroutines : recommendations of the Nomenclature Committee on Cell Death 2012"[1]に提案されており，アポトーシスの他に，計画的ネクローシス，マイトティック カタストロフ，オートファジー細胞死が，主要な細胞死として記載されている．本稿では，これら非アポトーシス細胞死のうち，オートファジー細胞死を取り上げ，われわれの最新の知見を加えて概説する．

I．オートファジーとは

　オートファジー細胞死について記載する前に，その実行に必要な条件であるオートファジーについて概要を説明しておく．オートファジーとは，病的なあるいは不要な細胞内成分が2重の膜によって周囲から隔離され，リソソームと融合することによって消化される細胞内浄化機構である[2]．オートファジーは定常状態の細胞においては軽度に活性化されており，細胞構成成分を少し

Key Words
アポトーシス，非アポトーシス細胞死，隔離膜，オートファゴソーム，オートファジー細胞死，type II細胞死，Atg5依存的オートファジー，Atg5非依存的オートファジー，JNK，Bax/Bak

ずつ分解することにより細胞の新陳代謝に貢献している。一方，細胞に何らかの刺激が加わると，これに対応するために大規模なオートファジーが誘導される。具体的には，細胞が栄養不足の時やDNA傷害などのストレスを受けた時にオートファジーが顕著に活性化される。前者の場合は，生存に不可欠な生体反応をまかなうために自らの生体成分を分解してこれに充当する反応であると理解されている。後者の場合は，傷害されたタンパク質やオルガネラを除去するとともに，ストレス応答に必要なタンパク質合成の材料を提供する反応であると理解されている。このように，オートファジー機構は多くの場合，生に貢献するために用いられており，その破綻は神経変性疾患をはじめとする様々な疾患の病因となりうる。

オートファジーの形態学的進行は以下のように考えられている。すなわち，オートファジーは隔離膜と呼ばれる2重膜の形成から始まる。この隔離膜は，伸長するとともに湾曲し，細胞質やオルガネラを囲い込み，最終的には2重膜のオートファゴソームを形成する。オートファゴソームはリソソームと直接融合し，リソソームの消化酵素によってその内容物が消化される[2]（図❶A）。このようなオートファジーの実行に関わる分子として，これまでに30個を超える関連分子が同定されている[3]。まず，オートファゴソーム形成の初期段階においてはBeclin 1やPI3キナーゼが重要な役割を果たしている。続いて起こる隔離膜の伸長には，Atg5, Atg12, LC3などが重要な役割を担っている。LC3は，Atg5-Atg12複合体依存的に脂質化され隔離膜やオートファゴソーム膜に結合し，オートファゴソームを形成する[4]。Atg5は，その欠損によって飢餓誘導時のオートファゴソーム形成ができなくなることなどから，オート

図❶ オートファジーの概要

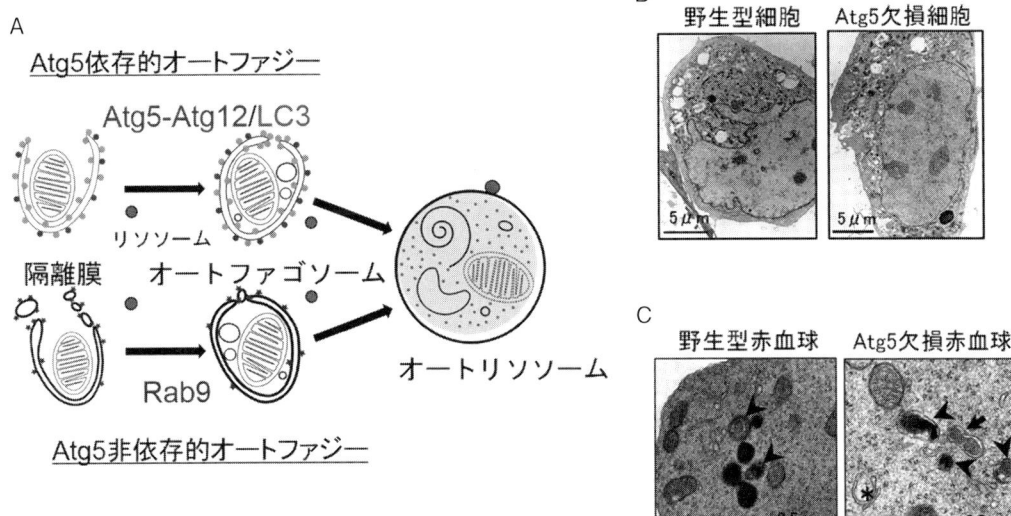

A. 模式図。オートファジーは，①隔離膜の形成，②伸長，③オートファゴソームの形成，④オートリソソームの形成（リソソームと融合）の順序で進行する。哺乳動物にはAtg5-Atg12, LC3が関わるAtg5依存的オートファジーと，これらの分子に依存しないAtg5非依存的オートファジーが存在する。

B, C. Atg5非存在下で誘導されるオートファジー。野生型およびAtg5欠損細胞をエトポシドで刺激したところ，同程度のオートファジーが誘導された（B）。野生型およびAtg5欠損胎仔の赤血球を観察すると，同程度のミトコンドリア除去のためのオートファジーが観察される（C）。

第1章 細胞死のメカニズム

ファジー実行には必要不可欠の分子として考えられてきた。

一方，最近筆者らは，Atg5に依存しないオートファジー機構が存在することを発見した[5]。例えば，Atg5欠損マウスより調製した細胞にDNA傷害を加えると，野生型細胞と同程度の大規模なオートファジーが観察された（図❶B）。また，Atg5欠損胎仔を電子顕微鏡を用いて観察すると，Atg5を欠損しているにもかかわらず間脳や肝臓など多くの臓器においてオートファジーが確認された。特に，赤血球の最終分化時に行われるミトコンドリアの排除には，Atg5に依存しないオートファジーが決定的な役割を果たしていた[5]（図❶C）。

II．オートファジーと細胞死

一般的に，オートファジーは生に貢献するための細胞機能と考えられている。しかしながら一方で，オートファジーが細胞死の実行に関わっていることを示唆する報告もある。例えば，個体発生のある場所ではカスパーゼ非依存性のプログラム細胞死が観察され，これに伴って多数のオートファゴソームが出現する（type II 細胞死とも呼ばれる）[6]。また，ショウジョウバエの発生過程における唾液腺の消滅には，ステロイドホルモンによって誘導されるオートファジー細胞死が関与している[7]。筆者らはミトコンドリア経由アポトーシスに必須の分子であるBax/Bakの両者を欠損した胎児線維芽細胞において，オートファ

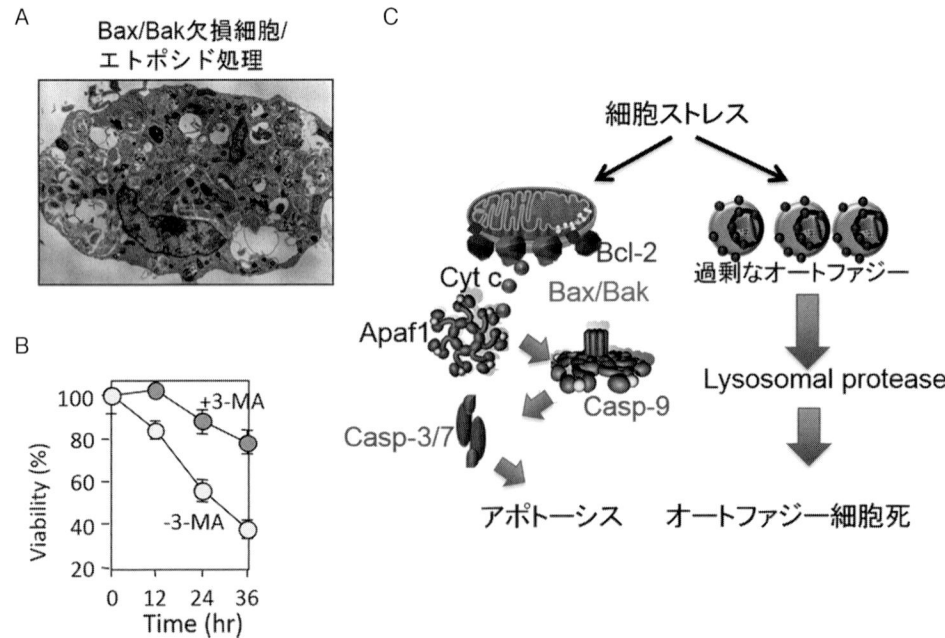

図❷ Bax/Bak両欠損線維芽細胞において観察されるオートファジー細胞死

A．Bax/Bak両欠損線維芽細胞に抗がん剤エトポシド（20μM）を投与し，18時間後の電子顕微鏡像。細胞内に大量のオートファゴソーム形成がみられる。
B．オートファジー阻害剤3-MA（10 mM）存在下に，Bax/Bak両欠損線維芽細胞をエトポシド（20μM）処理し，経時的に細胞生存率を測定した。3-MA投与により細胞死は顕著に緩和された。
C．2経路の細胞死の模式図。哺乳動物細胞に強いストレスを加えると，Bax/Bak，Apaf-1, caspasesを介したアポトーシス機構（左側のシグナル）が実行される。しかし，これがBcl-2などにより妨げられると，過剰なオートファジーを介したオートファジー細胞死（右側のシグナル）が実行される。

図❸ オートファジー細胞死の実行機構

A. Bax/Bak両欠損線維芽細胞に抗がん剤エトポシド（20μM）を投与すると，JNKの活性化がみられる。一方で，飢餓誘導によっては，JNKの活性化はみられない。
B. JNK阻害剤（SP600125）存在下に，Bax/Bak両欠損線維芽細胞をエトポシド処理すると，オートファジー細胞死は顕著に抑制される。
C. オートファジー細胞死の実行機構。オートファジー細胞死が実行されるためには，過剰なオートファジー誘導の他に，JNKの活性化が必要である。

ジー機構を介した細胞死が観察されることを見出した[8]。すなわち，このBax/Bakダブルノックアウト細胞に，抗がん剤やスタウロスポリンなど種々のアポトーシス刺激を加えると，アポトーシスが惹起されない代わりに，オートファゴソームが細胞内に充満して死に至ることが観察されたのである。この細胞死はオートファジー阻害剤の投与やオートファジー関連分子（Atg5など）のsiRNAを用いた発現抑制により顕著に緩和されたことより，オートファジーを介した細胞死であると考えられた（図❷）。このようなオートファジー細胞死は，Bax/Bakを欠損させたマウス胎仔において，個体レベルにおいても観察され，アポトーシスの代償的役割を果たしている可能性が考えられる。なお，上述した2つのタイプのオートファジー（Atg5依存的オートファジーとAtg5非依存的オートファジー）は，ともにオートファジー細胞死を誘導することができる。ただし，いずれの場合もオートファジー細胞死が誘導されるためには，オートファジー機構の活性化のみでは細胞死に至らず，付加的な細胞死シグナルが加わることが必要である。

Ⅲ. オートファジー細胞死の実行機構

それでは，この付加的な細胞死シグナルとはどのようなものであろうか？ Bax/Bakダブルノックアウト細胞に抗がん剤を投与した際に発現量が変化する細胞死関連分子を測定したところ，ストレスキナーゼであるc-Jun N-terminal kinases（JNK）のリン酸化活性の上昇が顕著に観察された[9]（図❸A）。さらに，①JNK阻害剤やJNK dominant negative（JNK DN）の発現によって，オートファジー細胞死が緩和されること（図❸B）や，②JNK（MAPKKK）の上流の2つのキナーゼを欠損させた細胞（sek1/mkkダブルノックアウト細胞）ではオートファジー細胞死が起こりにくいことから，JNKの活性化がオートファジー細胞死に重要な役割をしていることがう

かがえた[9]。一方で，JNK 阻害剤や JNK DN はオートファジーそのものの多寡には影響を与えなかった。すなわち，JNK とオートファジーが両輪となって，オートファジー細胞死を実行しているものと考えられた[9]。実際に栄養飢餓状態の細胞では，顕著なオートファジーはみられるものの，JNK の活性化は惹起されず（図3 A），細胞死には至らない。また，この時に JNK を強制的に活性化するとオートファジー細胞死が誘導される[9]。このように，オートファジー細胞死が実行されるためには，オートファジーと JNK の活性化が共に必要であると考えられた（図3 C）。

おわりに

本稿では非アポトーシス細胞死として，オートファジー細胞死を取り上げ，分子機構に関して概説した。ただし，オートファジー細胞死の実行機構の詳細やその生理的・病理的意義に関しては，まだまだ不明な部分が多く，今後さらに解析を進めていく必要がある。

参考文献

1) Galluzzi L, et al : Cell Death Differ 19, 107-120, 2012.
2) Yang Z, Klionsky DJ : Curr Top Microbiol Immunol 335, 1-32, 2009.
3) Nakatogawa H, et al : Nat Rev Mol Cell Biol 10, 458-467, 2009.
4) Mizushima N : Curr Top Microbiol Immunol 335, 71-84, 2009.
5) Nishida Y, et al : Nature 461, 654-658, 2009.
6) Lee CY, et al : Dev Biol 250, 101-111, 2002.
7) Berry DL, Baehrecke EH : Cell 131, 1137-1148, 2007.
8) Shimizu S, et al : Nat Cell Biol 6, 1221-1228, 2004.
9) Shimizu S, et al : Oncogene 29, 2070-2082, 2010.

清水重臣
1984 年　大阪大学医学部卒業
　　　　同第一外科入局
1994 年　同第一生理学教室助手
1995 年　同遺伝子学教室助手
2000 年　同助教授
2006 年　東京医科歯科大学難治疾患研究所病態細胞生物学分野教授

研究テーマは，細胞死，オートファジー，ミトコンドリア。

第2章
細胞死と疾患

第2章 細胞死と疾患

1. 心疾患における非アポトーシス性細胞死の役割 －オートファジーとMPT－

中山博之・大津欣也

虚血性心疾患や心不全の進行において心筋細胞死が重要な役割を果たしている。心筋細胞死はその形態より，アポトーシス性，オートファジーを伴う細胞死およびネクローシス性細胞死に分類され，いずれも病態形成に関与していると考えられる。アポトーシス性細胞死は詳細な機構が明らかになっており，臨床への応用によりその意義が検証されるであろう。オートファジーはその分子機構の解明が進行中であり，心不全において細胞保護的な作用が示されている。従来，偶発的細胞死と考えられていたネクローシスの分子機構の解析は始まったばかりと考えられ，心筋においてさらなる詳細な検討が必要である。

はじめに

心筋細胞は終末分化細胞であり，その分裂・再生は極めて低い頻度でしか起こらず，病態に影響を及ぼしている可能性は極めて低い。生後すぐに分裂を停止した心筋細胞は，成長やストレスに対して肥大という形で適応していく。ヒト終末期心不全では代償性に線維化領域が増大しており，心筋細胞の減少が生じていると考えられ，心筋細胞死が心不全に関与しているとする根拠となっている。また細胞死は心筋細胞の減少に寄与するのみでなく，炎症反応を誘導することによりさらに細胞死を促進する悪循環を形成し病態に関与していると考えられる。心筋細胞死は従来，その形態よりアポトーシス性細胞死，オートファジー性細胞死およびネクローシス性細胞死に分類される。ヒト心不全病態におけるアポトーシスの意義はいまだに曖昧な点が残されてはいるが，基礎実験において過去10年以上にわたり詳細な検討がされてきており，臨床においてその抑制の有用性を検討していくことが期待される。非アポトーシス性細胞死（オートファジー・ネクローシス）に関しても，その分子機構の解明と病態的意義が精力的に研究されている。心疾患において細胞死が関与する代表的な病態として虚血再灌流傷害と心不全における心筋リモデリングがある。心筋リモデリングは，心筋梗塞に伴って生じる場合（梗塞後リモデリング）と圧もしくは容量負荷に伴って起こる場合（負荷リモデリング）に分けられる。本稿において各々の病態における心筋細胞死の意義を非アポトーシス性細胞死に絞り概説する。

Key Words

虚血再灌流傷害，心不全，リモデリング，オートファジー，Atg5，Beclin1，DNase II，TLR9，MPT，Ca^{2+}，cyclophilin D，RIP

I．オートファジー性細胞死

　オートファジー性細胞死はオートファゴソームと呼ばれる空胞状の構造物が細胞質内に存在することにより特徴づけられる細胞死である。オートファゴソームは，細胞質内の不要となったタンパク質やミトコンドリア等の小器官を隔離膜と呼ばれる膜が取り囲むことにより形成され，オートファジーはオートファゴソームがリソソームと融合することにより内容物が分解されるタンパク質分解機構の1つである。実際には，心筋細胞におけるオートファジー性細胞死は細胞膜が保たれている場合，細胞死が起きているのかどうかの判別は困難であるが，心筋組織において細胞内に著しく多量の液胞を伴った状態を細胞死としている報告が散見される。ヒト心不全において心筋細胞内に液胞が存在することが報告されており[1]，オートファジーが心不全病態において亢進していることが示唆されている。現在では遺伝子改変モデルを用いた検討によりオートファジーは心筋細胞の生存に重要な生体機能であると考えられる。

1．虚血再灌流傷害

　虚血再灌流においてオートファジーは，虚血時は保護的に働くが，再灌流時に細胞死を増悪させることが報告されている[2]。Sadoshimaらは早期オートファゴソームの形成に関与するBeclin1のヘテロノックアウトマウスが虚血再灌流傷害を抑制することを観察しており，オートファジーが再灌流において細胞死を進行させる方向に働く根拠として考えられてきた。しかしながら，Beclin1がオートファゴソームとリソソームの融合を阻害することが報告され[3]，Beclin1の減少によりオートファジーのfluxの抑制が解除され，一見オートファゴソームが減少しオートファジーが抑制されたようにみえている可能性があり，さらなる検証が必要と考えられる。

2．心筋リモデリングに伴う心不全

　心筋梗塞後慢性期のリモデリングにおいて非梗塞部位におけるオートファジーは亢進する。マウスにおいて，bafilomycin A1によるオートファジー抑制により梗塞後心機能障害は増悪するのに対し，飢餓によりオートファジーを誘導すると心機能障害は軽減する[4]。またラットにおいても，心筋梗塞後の心機能障害がmTORの阻害薬であるエベロリムス投与に伴うオートファジー誘導により改善することが報告されており，オートファジーは心筋梗塞後のリモデリングに対し保護的に働くと考えられる[5]。

　一方，圧負荷においてオートファジーの亢進が認められる。Hillらの報告によると，通常の圧負荷による代償性肥大モデルと高度圧負荷心不全モデルを比較すると，心不全モデルにおいて圧負荷後48時間をピークとする著明なオートファゴソームの増加を認め，3週間にわたり持続する[6]。前述のBeclin1のヘテロノックアウトマウスに高度の圧負荷刺激を加えると，オートファゴソームの形成が減少し，病的な心筋リモデリングが抑制される。逆に，Beclin1の心筋特異的過剰発現によりオートファゴソームの形成は亢進し，病的心筋リモデリングの程度は悪化する[6]。このことより，オートファジーによる細胞死が心不全の病態形成に寄与している可能性が示唆される。しかしながら前述のごとく，Beclin1がオートファジーのfluxを阻害するという報告もあり[3]，Hillらの観察しているオートファゴソームの数の増大はオートファジーのfluxの低下を反映していた可能性も考えられる。

　われわれは，オートファゴソームの形成に必須な分子の1つであるAtg5の心筋特異的欠損マウスを用いて，心不全におけるオートファジーの意義を検討した[7]。floxed Atg5マウスとタモキシフェン誘導型のCre組換え酵素過剰発現モデルを用いて成体期に特異的にAtg5を欠失させたところ，心肥大や心室内腔の拡大および心収縮力の低下が認められ，病的な心筋リモデリングが惹起された。一方，胎生期からCre組換え酵素を

発現するモデルにおいてAtg5を欠失させたところ，生理的条件下において心収縮力は維持されており，何らかの代償機構が働いていると考えられた。同モデルは，圧負荷1週後において心室の拡大と収縮不全を示し心不全が惹起され，オートファジーが心筋細胞の恒常性維持や負荷に対する適応において必須であることが明らかとなった。これらの不一致は，オートファジーの抑制の程度やfluxに及ぼす影響の違いに起因すると考えられる。

さらに最近では，オートファジーと炎症の関連が注目されている。われわれはリソソーム内で働く酸性DNaseであるDNase IIを心筋特異的に欠失させ，圧負荷に対する応答を検討したところ，著明な炎症を伴う心不全病態が観察された[8]。かかる機序としてオートファジー性分解を免れたミトコンドリアDNAがToll様受容体9（TLR9）を活性化することによりサイトカインの産生が誘導されており，オートファジーの際のリソソームの異常が自然免疫を介して無菌的炎症により心不全病態形成に寄与することが示された。図❶に心筋におけるオートファジーのストレス・遺伝子改変に伴う病態に及ぼす影響をまとめた。

II．ネクローシス性細胞死

ネクローシス性細胞死は，細胞の膨化と細胞膜の破綻を伴い細胞内容物が細胞外に流出する。従来，心筋のネクローシスは心筋梗塞などの強い虚血や突発的なストレスにより惹起される偶発的な細胞死であり，ネクローシスに特異的な分子機構は存在しないと考えられてきた。しかしながら，2005年のNakagawaらの報告をはじめとしてネクローシス性細胞死の分子機構が明らかにされつつある[9]。ネクローシス性細胞死はアポトーシスと同様にミトコンドリアの関与が示唆されている。ミトコンドリアは，心筋細胞において約30％の容量を占め，そのCa^{2+}保持能力は，筋小胞体の10倍に及ぶオルガネラである。ミトコンドリアが内因性のアポトーシス機構において，チトクロムCをはじめとするアポトーシス実行分子の遊離により中心的な役割を果たすことは周知の事実である。しかしながら，ミトコンドリア

図❶　心筋におけるオートファジーのストレス・遺伝子改変に伴う病態に及ぼす影響

正常状態	通常のストレス	過剰なストレス	Atg5欠損マウス	DNaseII欠損マウス
タンパク質・オルガネラの劣化 ↓ オートファジー ↓ 恒常性の維持	ストレス ↓ タンパク質・オルガネラの劣化の亢進 ↓ オートファジー ↓ 細胞機能の維持	過剰ストレス ↓ タンパク質・オルガネラの劣化の著しい亢進 ↓ オートファジー ↓ 適応破綻 ↓ オートリソソーム融合の不足 多量のオートファゴーム残存 劣化オルガネラの残存と健常なオルガネラの不足 ↓ オートファジーを伴った細胞死 ↓ 心不全	ストレス ↓ タンパク質・オルガネラの劣化の亢進 ↓ オートファジー不全 ↓ 恒常性の破綻 ↓ 心不全	ストレス ↓ タンパク質・オルガネラの劣化の亢進 ↓ オートファジー ↓ リソソームにおけるDNAの分解不全 ↓ ミトコンドリアDNAによるTLR9活性化 サイトカインの過剰産生 ↓ 心筋の無菌性炎症 ↓ 心不全

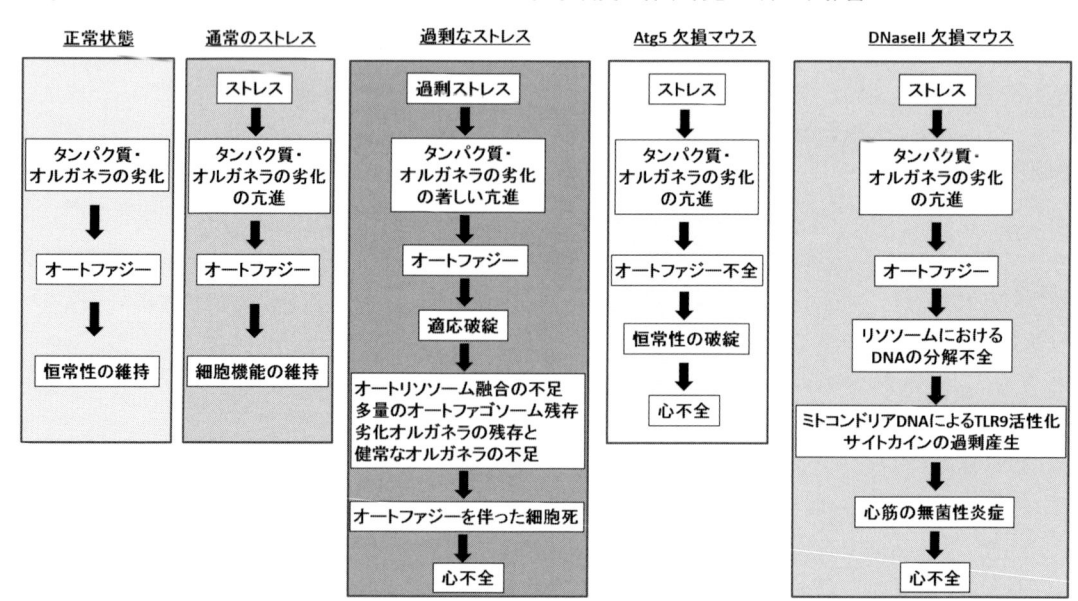

の細胞死における役割はアポトーシスのみならずネクローシスにおいても重要であると考えられている。まず第一にミトコンドリアの機能低下により、細胞内のATPの枯渇によりネフローシス性細胞死が生じる。

それ以外にも、ミトコンドリアによる細胞死の機構としてmitochondrial permeability transition（MPT：ミトコンドリア膜透過性遷移）と呼ばれる現象が重要である。MPTはCa^{2+}依存性にミトコンドリアの膜透過性が亢進する現象で、シクロスポリンA（CysA）により抑制される。MPTによりミトコンドリアの膨化・膜電位の喪失・酸化的リン酸化の消失が起こり、ATP産生障害によるネクローシスが起こりうる。またMPTは、ミトコンドリアの膨化に伴う外膜の破裂により、チトクロムCをはじめとするアポトーシス誘導分子の流出を惹起しうる。MPTはMPT poreと呼ばれるタンパク質複合体により生じると考えられており、MPTのCa^{2+}依存性はミトコンドリアマトリクスに存在するpore構成分子の1つであるcyclophilin D（Cyp D）と呼ばれるイムノフィリンに起因する。Cyp Dはプロリルイソメラーゼであり、タンパク質のプロリン残基のシス・トランス異性化を触媒する。ミトコンドリア内のCa^{2+}や活性酸素種（reactive oxygen species：ROS）の増加はCyp Dのミトコンドリア内膜への結合を促進し、MPTの開始に重要な役割を果たしていると考えられる。Cyp Dを欠損させたミトコンドリアではCa^{2+}による膜電位消失に対して強い抵抗性を示し、Cyp Dを欠損させた細胞ではアポトーシスは変化しないが、Ca^{2+}により誘導されるネクローシスが抑制されることが報告されている[9)10)]。

MPT以外のネクローシスの分子機構にreceptor interacting protein kinase-1（RIP1）およびRIP3と呼ばれる分子により制御される細胞死が報告され（necroptosis）、精力的にそのメカニズムの解明が進められている。necroptosisの心疾患への関与を示す報告はいまだ少ないが、さらなる研究の発展が期待される。

1. 虚血再灌流傷害

以前よりCysAが複数の臓器における虚血再灌流傷害に対して保護的な作用があることが報告されてきた[11)]。Cyp D欠損マウスを用いた検討により、心筋を含む複数の臓器において虚血再灌流時の細胞死が抑制されることが報告されており、Cyp Dは生体においてもCa^{2+}が関与する細胞死の制御機構の一部を担っていると考えられる[10)]。Cyp Dの虚血再灌流傷害を抑制する機序としてMPT以外にCa^{2+}緩衝能の増大が考えられる[9)]。さらに臨床研究において、心筋梗塞の再灌流直後にCysAを投与することによりMPTを抑制することが心筋保護につながるとする報告がなされており[12)]、今後大規模試験による検証が期待される。一方、RIP1阻害薬により虚血再灌流後の心筋梗塞サイズの減少や慢性期のリモデリングが抑制されるとの報告もあり[13)14)]、necroptosisの虚血再灌流傷害への関与も示唆され、今後遺伝子改変モデルを用いたさらなる検討が期待される。

2. 心筋リモデリングに伴う心不全

心筋リモデリングにおけるMPTの関与は複雑である。Cyp D欠損マウスでは野生型と比較して心筋梗塞28日後の生存率の改善、梗塞サイズの縮小と心拡大の抑制、収縮力の改善が報告されており、心筋梗塞後のリモデリングにおいてMPT依存性の細胞死の抑制が保護的な効果をもたらすことが示唆されている[15)]。また、心不全においてCa^{2+}の流入の変化が病態形成に寄与しているが、いくつかのCa^{2+}関連病態モデル[16)17)]においてCyp Dの欠失が病態改善に働くことが報告されている。その一例として、心筋のL型Ca^{2+}流入を亢進させた心不全モデルは組織学上細胞死を伴うが、Bcl2過剰発現によるアポトーシス抑制では病態は改善せず、Cyp Dの欠失により著明な改善を示した（図❷）。この結果はCyp D依存性の非アポトーシス性細胞死により

心不全が惹起されることを示唆する。しかしながら、これらのモデルや虚血性心疾患モデルとは対照的に、圧負荷に対して Cyp D の欠失は心病態を悪化させる。実際に Cyp D ノックアウトマウスに圧負荷を加えると心収縮力の低下、心室内腔の拡大を伴う心肥大を呈し心不全が増悪する[18]。この原因として、Cyp D ノックアウトマウスにおいてミトコンドリアにおける ATP 産生が通常の脂肪酸 β 酸化から心筋不全状態にみられる解糖系に移行しており、心筋代謝の変化が関与している可能性が示唆されている。すなわち、虚血再灌流時はミトコンドリアの Ca^{2+} 緩衝能の増大により一過性に Ca^{2+} をバッファーすることにより再灌流傷害を軽減しうるが、圧負荷などの ATP を大量に消費するモデルにおいては適応不全に陥りやすい可能性が考えられる。このことは、Cyp D を標的とした心不全治療薬の開発に向けて留意すべき点である。

おわりに

非アポトーシス性心筋細胞死の心筋病態に関する最近の知見を概説した。過去 5 年間にオートファジーの心筋保護的な役割が明らかとなったが、ネクローシス性細胞死の役割に関してはいまだ不明な点が多い。心筋細胞は生後最終分化した後、80 年以上にわたり 1 分間に 60〜100 回のペースで動き続ける点から、驚異的な不死細胞とも考えられる。すなわち細胞死に対し強い耐性を有している可能性が考えられ、他の細胞での実験結果を外挿することは必ずしも適切ではない。今後、オートファジーを標的とした心不全治療法の臨床応用を期待するとともに、心不全における心筋細胞のネクローシス性細胞死の機構と意義の解明が望まれる。

図❷ L 型 Ca^{2+} 過剰流入による心不全モデル（文献 17 より改変）

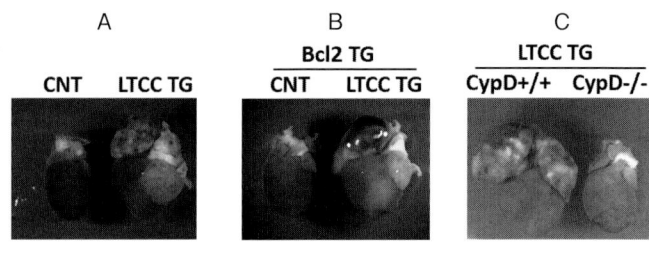

L 型 Ca^{2+} チャネルを介する Ca^{2+} 流入の亢進したマウス（LTCC TG）は細胞死を伴った心不全を呈する（A）。LTCC TG の心臓においてアポトーシスの増加は認めず、Bcl2 の過剰発現（Bcl2 TG）では病態は改善しない（B）。しかしながら、Cyp D 欠失により心不全病態の改善を認める（C）。
（グラビア頁参照）

参考文献

1) Shimomura H, Terasaki F, et al : Jpn Circ J 65, 965-968, 2001.
2) Matsui Y, Takagi H, et al : Circ Res 100, 914-922, 2007.
3) Ma X, Liu H, et al : Circulation 125, 3170-3181, 2012.
4) Kanamori H, Takemura G, et al : Am J Physiol Heart Circ Physiol 300, H2261-2271, 2011.
5) Buss SJ, Muenz S, et al : J Am Coll Cardiol 54, 2435-2446, 2009.
6) Zhu H, Tannous P, et al : J Clin Invest 117, 1782-1793, 2007.
7) Nakai A, Yamaguchi O, et al : Nat Med 13, 619-624, 2007.
8) Oka T, Hikoso S, et al : Nature 485, 251-255, 2012.
9) Nakagawa T, Shimizu S, et al : Nature 434, 652-658, 2005.
10) Baines CP, Kaiser RA, et al : Nature 434, 658-662, 2005.
11) Hausenloy DJ, Boston-Griffiths EA, et al : Br J Pharmacol 165, 1235-1245, 2012.
12) Piot C, Croisille P, et al : N Engl J Med 359, 473-481, 2008.
13) Smith CC, Davidson SM, et al : Cardiovasc Drugs Ther 21, 227-233, 2007.
14) Oerlemans MI, Liu J, et al : Basic Res Cardiol 107, 270, 2012.
15) Lim SY, Hausenloy DJ, et al : J Cell Mol Med 15, 2443-2451, 2011.
16) Millay DP, Sargent MA, et al : Nat Med 14, 442-447, 2008.

17) Nakayama H, Chen X, et al : J Clin Invest 117, 2431-2444, 2007.

18) Elrod JW, Wong R, et al : J Clin Invest 120, 3680-3687, 2010.

中山博之	
1993年	大阪大学医学部医学科卒業
	同医学部循環器内科および関連施設にて臨床に従事
2003年	大阪大学大学院医学系研究科博士課程修了
2004年	米国シンシナティ小児病院ポストドクトラルフェロー（Jeffery Molkentin研究室）
2008年	米国シンシナティ大学心臓分子生物学部門リサーチインストラクター
2010年	大阪大学大学院薬学研究科臨床薬効解析学准教授

第2章 細胞死と疾患

2. ミスフォールドタンパク質による神経細胞死と治療戦略

守村敏史・高橋良輔・漆谷　真

　遺伝性・孤発性を問わず，神経変性疾患の多くは正常な構造を逸脱したタンパク質が細胞の内外に蓄積することにより引き起こされる。このような言わば『ミスフォールドタンパク質』は異常会合によるオリゴマーやフィブリルを形成し，細胞内異所性局在，細胞外への放出，プリオン様の細胞間伝搬などを介して，疾患の発症や病態進行に極めて重要な役割を果たすと考えられている。近年，ミスフォールドタンパク質の高分子化や局所分子変化が明らかにされ，免疫療法や低分子化合物などの病原構造特異的な分子標的治療が注目されている。

はじめに

　高齢化に伴い，神経変性疾患の効果的な治療法の確立は医学的ならびに社会的見地から急務である。代表的な神経変性疾患であるアルツハイマー病（AD），パーキンソン病（PD），ハンチントン病（HD），またわれわれの研究対象である筋萎縮性側索硬化症（ALS）は，正常な構造を大きく逸脱したタンパク質，いわゆる「ミスフォールドタンパク質」を分子基盤とし，それぞれ疾患特異的な臨床症状を示すにもかかわらず共通の病理発症機構が存在する。本稿では，ミスフォールドタンパク質の病原性の獲得機構や，病原タンパク質による神経変性疾患の病理発症機構を，家族性ALSの原因である変異 superoxide dismutase 1（SOD1）での知見を中心に概説する。

I. 病原タンパク質による神経変性

1. 細胞内封入体の出現とタンパク質分解系の低下

　家族性・孤発性を問わず多くの神経変性疾患において，細胞内のユビキチン陽性封入体は共通して観察される現象である。76アミノ酸からなるユビキチンは，ユビキチン関連酵素（E1〜E3）の活性化を介し，48番目と63番目のリシン残基を介したイソペプチド結合によるポリユビキチン鎖を形成し，前者はタンパク質分解の場の1つであるプロテアソームへの移行タグとして機能する。つまりユビキチン陽性封入体の出現は，「除去されるべきミスフォールドタンパク質の蓄積」を意味している。

　細胞はプロテアソームとオートファジーと呼ばれる2つの不良タンパク質除去機構を備えてい

Key Words
神経変性疾患，オリゴマー，ミスフォールド，ALS，SOD1

る（図❶）。プロテアソームは，ポリユビキチン鎖により標識されたタンパク質の複数のプロテアーゼによる分解を行い，生理的にも細胞周期特異的なタンパク質発現調節や転写因子の閾値調節に重要な役割を担っている。オートファジー（autophagy：自食作用）は，細胞が飢餓状態に対し，細胞の一部，つまり細胞内の（ミスフォールド）タンパク質やミトコンドリアなどの細胞内小器官ならびに細胞内寄生体を生体膜由来の二重膜で包み込み，最終的にリソソーム経由で自家消化することによりアミノ酸などを作り出すことから命名された。オートファジーを中枢神経特異的に抑制すると，運動失調などの神経症状に加え，ユビキチン陽性封入体の出現が観察され，生理的条件下で一定の割合で恒常的にできるミスフォールドタンパク質の除去にオートファジーが重要な役割を担っていることが示された[1)2)]。一方，脊髄運動ニューロン特異的にプロテアソーム機能を生後欠失させたトランスジェニックマウスでは，運動機能の進行性の低下と運動ニューロン死，グリオーシス，異常タンパク質の細胞内蓄積といったALS患者に特徴的な病理変化を示したが，驚いたことにオートファジー機能を欠失したマウスでは，ユビキチン陽性封入体やオートファジーの基質の蓄積が観察される一方，マウスの寿命である2年の経過を観察しても目立った神経症状は示

図❶ 細胞の異常タンパク質除去機構

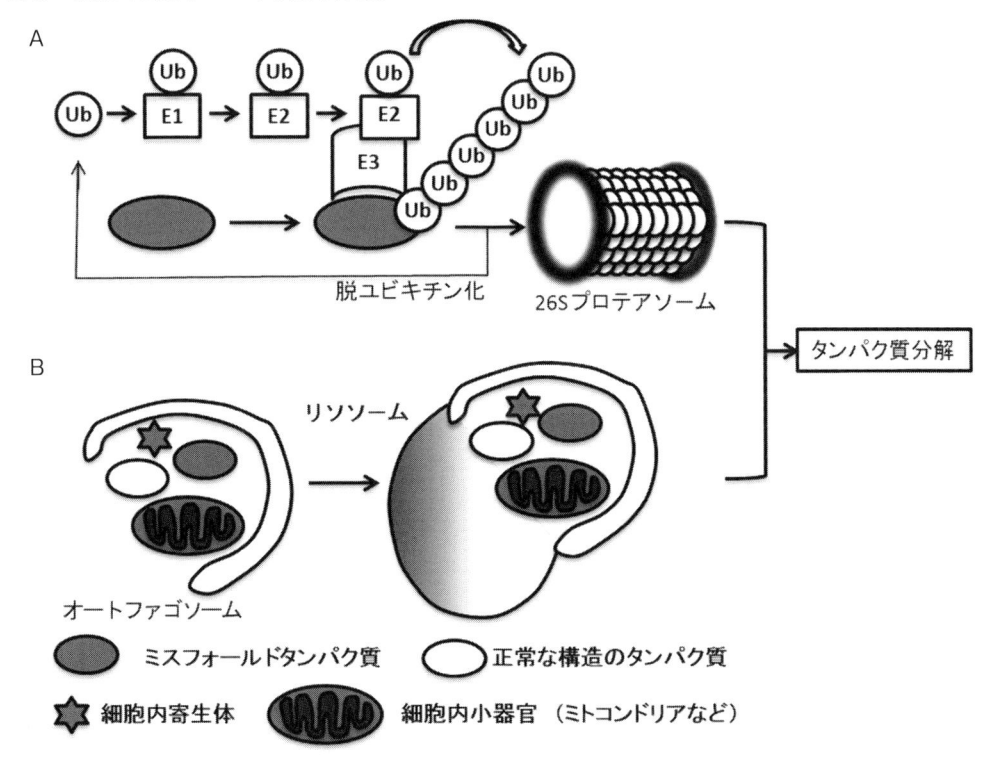

A. プロテアソームによる異常タンパク質の除去。構造異常タンパク質のリシン残基にはユビキチン（Ub）活性化関連酵素（E1〜E3）の働きにより，Ubの48番目のリシン残基鎖を介したポリユビキチン鎖が形成され，この鎖がプロテアソーム移行のための標識となりタンパク質は分解される。

B. オートファジーによる異常タンパク質の除去。オートファジーのシグナルが活性化すると，非特異的にタンパク質や細胞内寄生体，細胞内小器官を，小胞体やミトコンドリア，細胞膜由来の二重膜で包み込み，最終的にはリソソームとドッキングし消化する。

さず，ALS特有の病理変化は認められなかった[3]。以上の結果から，2つの不良タンパク質除去機構はそれぞれ異なる基質を見分けており，疾患によって病態に関わる分解系に違いがある可能性が示唆された。

2. ミスフォールドタンパク質のオリゴマー形成

遺伝子変異などによるミスフォールドタンパク質は，βシート構造などを介したタンパク質間の異常会合が起こり，オリゴマーなどの高分子構造が形成される。このオリゴマーは封入体形成過程の前駆体であるが，拡散性に富み毒性も強く疾病進行の本体と考えられている。疾患関連変異体やオリゴマーはフィブリル形成など野生型タンパク質とは明らかに異なる共通の病原構造を有する場合も多く，その異常構造に対する標的治療は神経変性疾患における有望な戦略といえる。特に異常構造のみを認識しうるモノクローナル抗体の樹立は，後に述べる神経変性疾患の新たな分子標的治療として極めて重要である。

オリゴマー形成はβシートを介するほか，酸化修飾によるジスルフィド結合や架橋タンパク質によっても引き起こされる。私達は最近SOD1が，野生型も含めミスフォールディング依存的に内因性架橋タンパク質であるトランスグルタミナーゼ2によりオリゴマー形成を誘導され，変異SOD1トランスジェニックマウスへのトランスグルタミナーゼ阻害剤であるシスタミンの髄腔内投与により，発症後の疾病進行を阻害することを見出した[4]。

3. プリオン様伝搬様式

神経変性疾患の原因タンパク質が細胞間を伝播しうることは，PD患者脳に移植した胎児脳にレビー小体が形成された事実から注目された[5)-7)]。古くはBraakらがPDの神経変性が中脳黒質から遠心性に拡大することを発見し[8]，現在Braak仮説として知られている。この現象は，病原タンパク質が細胞から分泌あるいは放出され，近接ないしは脳脊髄液を介して他の細胞に取り込まれるという細胞間伝搬を起こし，さらに受け入れ側の細胞内の正常なタンパク質をも不良タンパク質に変換するプリオン様伝搬様式（seeding）により説明づけられている。現在ADにおけるタウ[9]が動物実験で証明されており，ALSの原因であるSOD1[10]とTDP-43[11]は不死化細胞において類似の現象が再現されたと報告されている。病原タンパク質の拡散は，小胞体-ゴルジ体を介した経路やエクソソームにより積極的に分泌されるモデル（図❷A），死細胞から放出されるモデル（図❷B），細胞間のトンネル形成（図❷C），神経ネットワークを介して離れた部位に放出されるモデル（図❷D）など，いくつかの経路が想定されている。しかし，米国で下垂体不全により死後脳の

図❷ オリゴマー化したミスフォールドタンパク質の細胞間伝搬

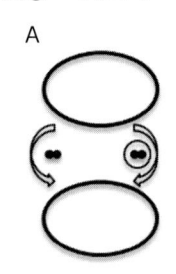

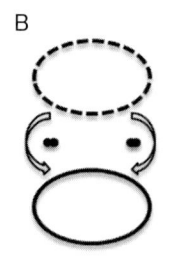

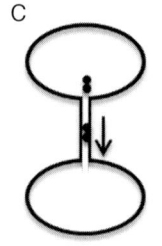

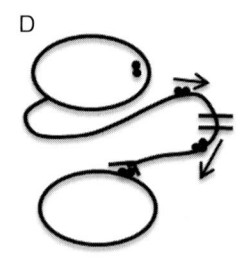

オリゴマー化したいくつかのミスフォールドタンパク質は，細胞間を伝搬することが確認されている。そのメカニズムとして，細胞から分泌系を使って積極的に分泌されたり（A右），エクソソームにより分泌される（A左），死細胞から拡散する（B），細胞間にトンネルが形成される（C），神経突起を介して遠方に伝達される（D）機構が想定されている。

脳下垂体移植を受けた患者の病理追跡では，ADやALS，PDがドナーに含まれていたにもかかわらず，プリオン病以外の発症はなく[12]，神経変性疾患のミスフォールドタンパク質の伝播機序はプリオン様の単純感染とは異なると考えられている。一方，神経変性疾患の特徴として，各疾患の初期の局所病変，すなわちADにおける大脳皮質および海馬錐体アセチルコリン作動性ニューロン，PDにおける黒質ドーパミン作動性ニューロン，ALSにおける上位・下位運動ニューロンの系統変性とタンパク質伝播との関連は不明であり，今後の病態解析が待たれる。

II．細胞死誘導メカニズム

1．ミトコンドリアストレス

多くの神経変性疾患の初期変化として，ミトコンドリアの異常が認められるが，このことはミトコンドリアのストレスが神経変性疾患の進行過程で共通に生じていることを示唆している。ミトコンドリアは内膜に存在する呼吸鎖複合体の4つのコンプレックス（CⅠ～CⅣ）およびATP合成酵素によるATP合成器官として，エネルギー代謝の要である。ミスフォールドタンパク質のいくつか，例えばHDにおけるハンチンチン[13]やADおけるAβ[14)15]が，それぞれCⅡおよびCⅤに結合し，ATP合成を低下させる。変異SOD1においては，ミトコンドリアにおけるオリゴマーの蓄積[16]や，変異SOD1によるカルシウムチャネルVDAC[17]，抗アポトーシスタンパク質BCL-2[18]への結合および機能抑制が報告されているが，直接呼吸鎖複合体を阻害するか否かは不明である。しかしモデル動物や剖検脳の解析から，ATP産生の阻害が生じていることは明らかである。また，ミトコンドリアはATP合成過程で消費した一部の酸素が活性酸素種に変換されるため，タンパク質，脂質およびミトコンドリア由来DNAが酸化修飾を受けるリスクが高く，加齢に伴う抗酸化防御機構の低下は種々の疾患の原因

と考えられている。

ミトコンドリアは融合（fusion）と分裂（fission）をダイナミックに繰り返す。この現象は，酸化修飾を受けた物質を希釈し，オートファジーの一種であるミトファジー（mitophagy）を介した除去や，軸索や樹上突起，スパインなど局所へのミトコンドリア輸送に極めて重要である。疾患原因遺伝子としても，ミトコンドリアタンパク質でありダイナミクスに重要な遺伝子産物であるPINK1やParkinの機能不全変異が家族性PDの原因として報告されている。

2．小胞体ストレス

小胞体は膜タンパク質・分泌タンパク質合成の場であり，セカンドメッセンジャーの1つのカルシウムの貯蔵庫としても機能する。小胞体内に構造異常なタンパク質が蓄積すると（小胞体ストレス），unfolding protein response（UPR）と呼ばれるストレス応答が惹起され，異常タンパク質は細胞質に引きずり出されプロテアソームを介した分解系で細胞から除去される（ER-associated degradation：ERAD）。小胞体膜上にある3つの小胞体ストレスセンサーには，通常小胞体シャペロンであるGRP78が結合し，センサーを不活性の状態に保つ。異常タンパク質が蓄積すると，GRP78はセンサーから離れて異常タンパク質と会合し，UPRが活性化される。小胞体内の異常タンパク質が除去能力の閾値を超え恒常的にUPRが活性化すると，細胞はアポトーシスにより死滅する。また，GRP78は小胞体ストレスセンサー以外に，翻訳後の膜・分泌タンパク質が小胞体内へ侵入するためのトンネルに結合し，小胞体内からのカルシウムの漏出を抑制している。異常タンパク質の蓄積の結果，この「蓋」が外れ，細胞質カルシウム濃度が上昇し，それに引き続く各種カルシウム依存的なシグナル系活性化が，細胞死を助長する。小胞体ストレスは，ゴルジ体の断片化を誘導するが[19]，ゴルジ体の断片化は神経変性疾患で共通して認められる病態の1つであ

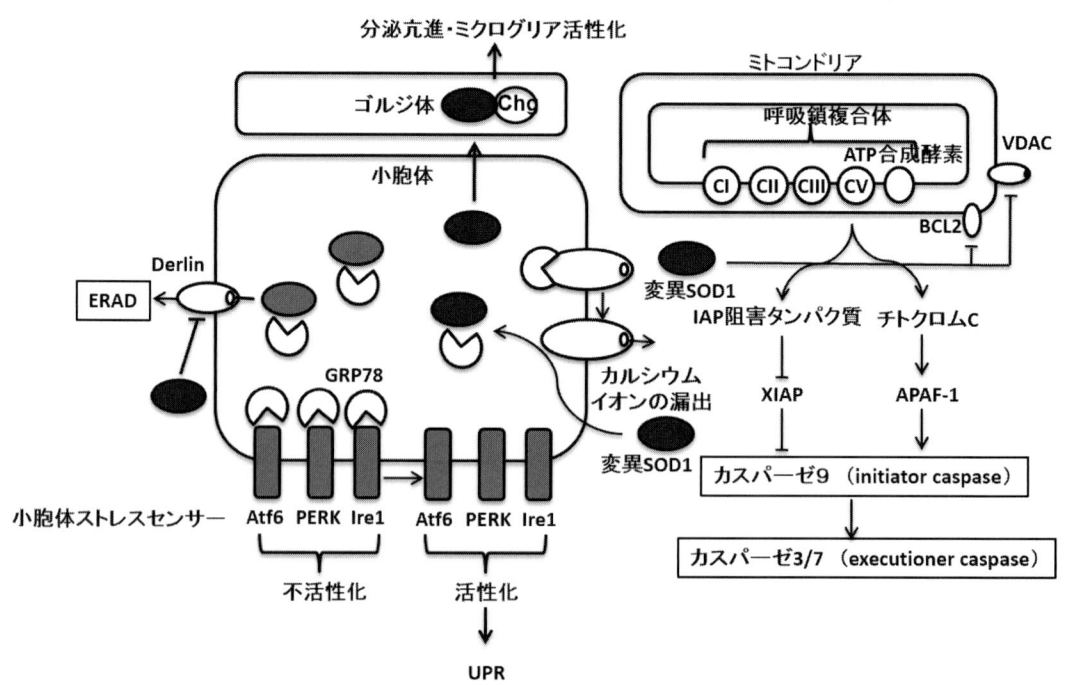

図❸ 変異SOD1による細胞障害機構とミトコンドリア由来カスパーゼシグナルの活性化

通常細胞質に局在するSOD1は，構造変化に伴い異所局在し，細胞内小器官の障害を誘導する．小胞体内では他のミスフォールドタンパク質同様シャペロンタンパク質GRP78により認識されUPRを誘導するほか，小胞体内からのカルシウム漏出やDerlinの機能抑制を介したERAD抑制を誘導する．ゴルジ体ではchromograninと会合し細胞外への放出が促進され，ミクログリアの活性化を誘導する．ミトコンドリアにおいて，オリゴマーの蓄積，抗アポトーシスタンパク質BCL-2やVDACの機能阻害を誘導し，結果としてカスパーゼによるアポトーシスシグナルが活性化する．

る．ミトコンドリア同様，変異SOD1は小胞体-ゴルジ体の分泌経路に異所局在し機能阻害を引き起こす（図❸）．例えば，GRP78[20]やERADコンポーネントであるDerlin[21]と小胞体内外でそれぞれ結合し，小胞体ストレスを惹起するほか，ゴルジ体ではchromograninが変異SOD1と会合し，細胞外変異SOD1の放出を亢進し，後に述べるミクログリアの過剰な活性化に関与することが報告されている[22]．

3．カスパーゼシグナルの活性化

　ミトコンドリアの異常に伴い，ミトコンドリアからアポトーシス誘導に関わるタンパク質の放出が起こり，細胞質でカスパーゼシグナルが活性化する．セリンプロテアーゼであるカスパーゼは，機能上各種刺激に反応し下流のカスパーゼを基質としてタンパク分解するカスパーゼ（initiator caspase）および最終基質のタンパク質を切断しアポトーシスを直接誘導するカスパーゼ（executioner caspase）に分けられる．ミトコンドリア由来のアポトーシスシグナルは，チトクロムCを介し直接initiator caspaseであるカスパーゼ9を活性化する経路と，inhibitor of apoptosis（IAP）を阻害することにより間接的にカスパーゼ9を活性化する経路が知られている（図❸）．また上流のカスパーゼとして，小胞体由来アポトーシスはカスパーゼ12が，細胞表面受容体由来アポトーシスはカスパーゼ8が，下流のカスパーゼ切断を媒介する．

　ミトコンドリア由来のカスパーゼのALS進行における役割を明らかにする目的で，上流のカス

パーゼ9および下流のexecutioner caspaseであるカスパーゼ3，7の機能を抑制したマウスと，下流カスパーゼのみを抑制したマウスでALS進行における違いを観察した。その結果，上下流のカスパーゼを抑制したマウスではALSの発症時期や発症後の病態の進行の両者を有意に抑制したが，下流カスパーゼのみを抑制したマウスでは病態進行は抑制されたものの，発症時期には影響を及ぼさなかった。これらの結果から，カスパーゼ9の活性化はALS発症において，下流カスパーゼの活性化以外の機能をもつことが示唆された[23]。最近，アポトーシス誘導以外のカスパーゼの機能が相次いで報告されており，カスパーゼ9の機能を詳細に解明することはALS発症予防に有効な知見を提供するかもしれない。

4．炎症性細胞の関与

血中のマクロファージと共通の前駆細胞から派生するミクログリアは脳内における唯一の免疫系細胞であり，生理的条件下では貪食（phagocytosis）を介して脳内の異物モニターに重要な役割を担っている。しかし，過度な活性化は各種炎症性サイトカインや活性酸素種の産生を誘導する一方，逆に本来の機能である貪食機能を低下させる。神経変性疾患では，過剰なミクログリアの活性化を伴うことが多く，病態に大きな影響を及ぼしている。ミクログリアの過剰な活

図❹　抗体による分子標的治療

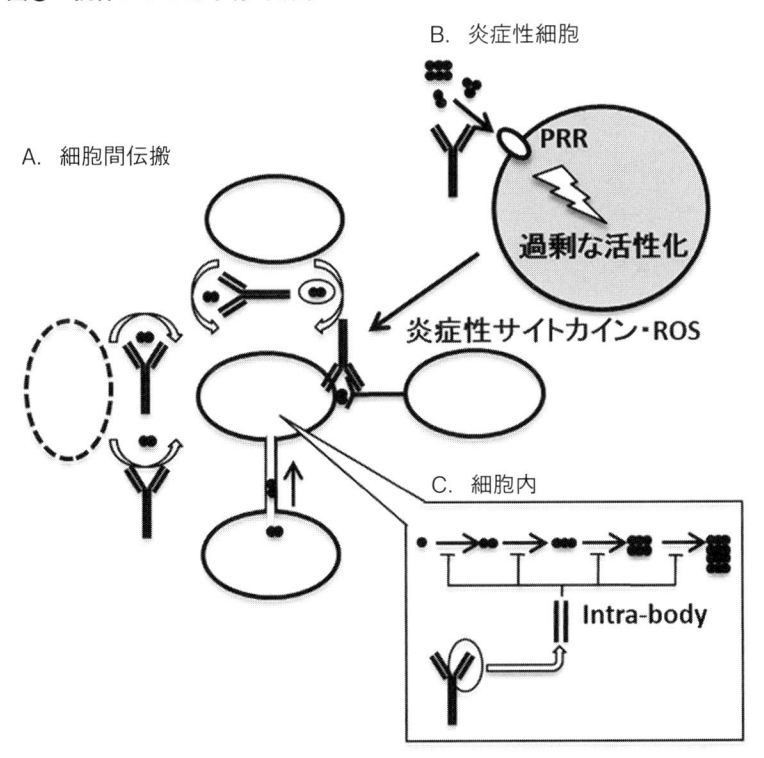

変異体のみを認識するモノクローナル抗体は，オリゴマーによる細胞間伝搬を細胞外から抑制するほか（A），PRRを介した過剰なミクログリアの活性化を抑制することが期待される（B）。また，モノクローナル抗体の抗原認識領域（intra-body）を標的細胞内で発現させることにより，細胞内で起きるミスフォールドタンパク質のオリゴマー形成阻害および毒性を低下させることが期待できる（C）。

性化の機序として，pattern recognition receptor（PRR）を介したシグナル系が挙げられる。マクロファージやミクログリアは，PRRを介し細菌のエンドトキシン間の共通組成や微生物に特徴的なDNAのメチル化パターンを認識し，非自己を識別する。オリゴマー化したα-シヌクレインやAβのオリゴマーはPRRを直接活性化することが明らかとされている[24]。

Ⅲ．神経変性疾患治療に向けた新たな試み

1．モデル動物の作出

疾患モデル動物の作出は，疾患に関わる研究において必要不可欠である。これまでに様々な理由から，マウスが最も広く使用されてきた。ALS研究においても，変異SOD1を過剰発現させたトランスジェニックマウスがヒトのALSの病態と極めて類似した表現型を示し，これまでに膨大な知見を提供してきた[25]。他方，他の神経変性疾患，例えばADのモデルマウスでは，必ずしもヒトの病態がマウスで正確に再現されていない。そのようなことから，最近霊長類を用いた組換え動物の作出の試みが国内外で行われ，比較的下等な霊長類であるマーモセットで遺伝子組換え動物の作出が成功している[26]。さらにヒトに近い霊長類での研究のために，私達の研究室を含め，カニクイザルを用いたモデル動物の樹立が進められている。

ゼブラフィッシュは古くから使用されている実験動物であるが，ゼブラフィッシュにはない点，例えば近交系が存在する，遺伝子のサイズが小さい（ゼブラフィッシュの約半分），精子の凍結保存が容易であるなどの理由から，メダカが実験に使われる機会が増えてきた。PDの研究においても，これまで毒素誘導性PDや遺伝子組換え動物によるPDの解析が報告されている[27]。

2．分子標的治療

異常構造を認識する抗体は，オリゴマー化したミスフォールドタンパク質の細胞間伝搬やミクログリアの過剰な活性化など細胞外での病原タンパク質の毒性を抑制すると考えられ（図❹ A，B），多くのモデル動物で原因タンパク質によるワクチン療法や抗体の他動免疫で，疾患進行や症状を緩和することが報告されている[28)-32)]。また，細胞内からのアプローチとしての抗原認識部位（intrabody）の細胞内への導入や（図❹ C），オリゴマーや封入体形成を阻害する低分子の検索は，ミスフォールドタンパク質を特異的に細胞内から除去する治療につながる試みとして，大きく期待が注がれている。

おわりに

神経変性疾患は，「ミスフォールドタンパク質（＝ゴミ）が溜まることに起因し，その結果，細胞本来がもつ生体防御システムが活性化して，細胞死が誘導される」ことが共通した原因である。それゆえ，非特異的な発現抑制，例えば転写・翻訳抑制は，疾患の種類を問わず治療効果を示し，私達もその観点からも研究を進めている。その一方，非特異的発現制御では副作用が避けられない点からも，病態に応じた疾患特異的治療戦略は極めて重要である。今年，ADに向けた国家プロジェクトとして，米国はADワクチンを筆頭に挙げており，今後の研究成果が大いに期待される。

参考文献

1) Hara T, et al : Nature 441, 885-889, 2006.
2) Komatsu M, et al : Nature 441, 880-884, 2006.
3) Tashiro Y, et al : J Biol Chem 287, 42984-42994, 2013.
4) Oono M, et al : J Neurochem, in press.
5) Li JY, et al : Nat Med 14, 501-503, 2008.
6) Kordower JH, et al : Mov Disord 23, 2303-2306, 2008.

7) Kordower JH, et al : Nat Med 14, 504-506, 2008.
8) Braak H, et al : Neurobiol Aging 24, 197-211, 2003.
9) de Calignon A, et al : Neuron 73, 685-697, 2012.
10) Grad LI, et al : Proc Natl Acad Sci USA 108, 16398-16403, 2011.
11) Nonaka T, et al : Cell Rep 4, 124-134, 2013.
12) Irwin DJ, et al : JAMA Neurol 70, 462-468, 2013.
13) Benchoua A, et al : Mol Biol Cell 17, 1652-1663, 2006.
14) Crouch PJ, et al : J Neurosci 25, 672-679, 2005.
15) Manczak M, et al : Hum Mol Genet 15, 1437-1449, 2006.
16) Liu J, et al : Neuron 43, 5-17, 2004.
17) Israelson A, et al : Neuron 67, 575-587, 2010.
18) Pasinelli P, et al : Neuron 43, 19-30, 2004.
19) Numata Y, et al : J Biol Chem 288, 7451-7466, 2013.
20) Kikuchi H, et al : Proc Natl Acad Sci USA 103, 6025-6030, 2006.
21) Nishitoh H, et al : Genes Dev 22, 1451-1464, 2008.
22) Urushitani M, et al : Nat Neurosci 9, 108-118, 2006.
23) Inoue H, et al : EMBO J 22, 6665-6674, 2003.
24) Block ML, et al : Nat Rev Neurosci 8, 57-69, 2007.
25) Tu RH, et al : Proc Natl Acad Sci USA 93, 3155-3160, 1996.
26) Sasaki E, et al : Nature 459, 523-527, 2009.
27) Matui H, et al : Exp Neurobiol 21, 94-100, 2012.
28) Schenk D, et al : Nature 400, 173-177, 1999.
29) McLaurin J, et al : Nat Med 8, 1263-1269, 2002.
30) Masliah E, et al : Neuron 46, 857-868, 2005.
31) Urushitani M, et al : Proc Natl Acad Sci USA 104, 2495-2500, 2007.
32) Asuni AA, et al : J Neurosci 27, 9115-9129, 2007.

守村敏史

1993年	北海道大学獣医学部卒業
1997年	同大学院獣医学研究科博士課程修了（博士，獣医学） 東京理科大学生命科学研究所分子生物学研究部門客員研究員
1998年	日本学術振興会特別研究員（PD）
2000年	理化学研究所脳科学総合研究センター発生神経生物研究チーム基礎科学特別研究員
2003年	同細胞培養技術開発チーム研究員
2009年	国立精神・神経医療研究センター神経研究所疾病研究第二部流動研究員 滋賀医科大学分子神経科学研究センター難病治療学分野特任助教
2013年	同難病モデルサル開発分野助教

現在は，ALSの中でも特に孤発性ALSの発症メカニズムおよびその治療法に関わる研究を進めている．

第 ② 章 細胞死と疾患

3. がんと細胞死

竹原徹郎

　がんを特徴づける形質は無秩序な細胞増殖と細胞死に対する抵抗性である。細胞死抵抗性を付与するメカニズムは多様であるが，B 細胞リンパ腫における *bcl-2* 遺伝子の再構成と過剰発現はそのプロトタイプであり，ミトコンドリア経路のアポトーシスを統べる Bcl-2 ファミリーの発見につながった。肝がんでも Bcl-xL の高発現がみられ，肝がんのアポトーシス抵抗性に関与しており，肝がんの治療の標的になる可能性がある。一方，肝がんは肝細胞のアポトーシスで特徴づけられる肝炎を基盤に発症することが臨床的に知られているが，持続的に肝細胞でアポトーシスが起こるマウスは肝がんを自然発症することが示された。臓器全体でみると細胞死は肝がんの発生を促進し，進展を抑制するという両面性をもっているということができる。

はじめに

　Hanahan ら[1]はがんを特徴づける形質として 6 つの生物学的事象を挙げているが，その中で細胞死に対する抵抗性はがんが進展するうえで必須であると述べている。古典的にはがんの主要な原因はがん遺伝子の過剰発現であり，これらの多くは細胞周期に関連するあるいはこれを促進する遺伝子であり，細胞に無秩序な増殖能を付与する。しかし，このような無秩序な増殖は一般に細胞死を引き起こし，このことが重要ながん抑制機構になっている。がん抑制遺伝子のいくつかは細胞死を誘導する遺伝子であることが知られており，例えば最も有名ながん抑制遺伝子である *p53* の異常は 1 つの帰結として細胞死誘導を阻害し，結果として腫瘍細胞の増殖を許容している。反対に遺伝子の過剰発現により細胞死抑制を起こす例として最もよく知られているものは B 細胞リンパ腫における *bcl-2* 遺伝子の再構成である[2]。Bcl-2 はミトコンドリア経路のアポトーシスを制御する Bcl-2 ファミリーのプロトタイプであるが，Bcl-2 の発見はこのようにがん研究から始まったといえる。がんにおいてアポトーシス耐性を生じるメカニズムは多様であるが，本稿では固形がんにおけるアポトーシス耐性についてアポトーシス抑制性 Bcl-2 ファミリーの過剰発現を取り上げ，これを標的とした治療法の可能性について概説する。後半では，臓器の慢性炎症を基盤とした発がんでは実質細胞の持続的なアポトーシスががんの発生を誘導しうることを紹介する。

Key Words

Bcl-2, Bcl-xL, Mcl-1, ABT-737, ミトコンドリア, 肝炎, 肝がん

Ⅰ. がんの進展におけるアポトーシス抑制性 Bcl-2 ファミリーの過剰発現の意義

1. Bcl-2 ファミリー

Bcl-2 ファミリーは機能的にはアポトーシスを抑制する分子群と促進する分子群に区別される[3)4)]。抑制する分子群は Bcl-2 をプロトタイプとして Bcl-xL, Mcl-1, Bcl-w, Bfl-1 の 5 つの存在が哺乳類では知られている。これらは構造的には BH1, BH2, BH3, BH4 からなる 4 つの保存されたアミノ酸領域を有している。一方，促進する分子群は Bak, Bax のような複数の BH ドメイン（BH1, BH2, BH3）を有する分子群と，BH3 のみをもつ Bad, Bid, Bim, Puma などの BH3-only 分子群が存在する。Bak, Bax はそれぞれ多量体を形成することによりミトコンドリア外膜にポアを形成し，ミトコンドリア内のチトクロム c をはじめとしたアポトーシス惹起因子を放出することによりアポトーシスを実行する。アポトーシス抑制性分子群は Bak/Bax に結合しその機能を抑制する，あるいは Bak/Bax の活性化に必要な Bid や Bim に結合し Bak/Bax から隔離することによりその機能を抑制することにより，アポトーシスを阻害すると考えられている（図❶）。ミトコンドリア経路のアポトーシスはデスレセプターの活性化によるカスパーゼ 8 の活性化が直接ダウンストリームのカスパーゼを活性化する場合を除いて，すべての細胞内あるいは細胞外のストレスシグナルが収束する場であり，細胞のアポトーシス制御において中枢的な重要性をもっている。

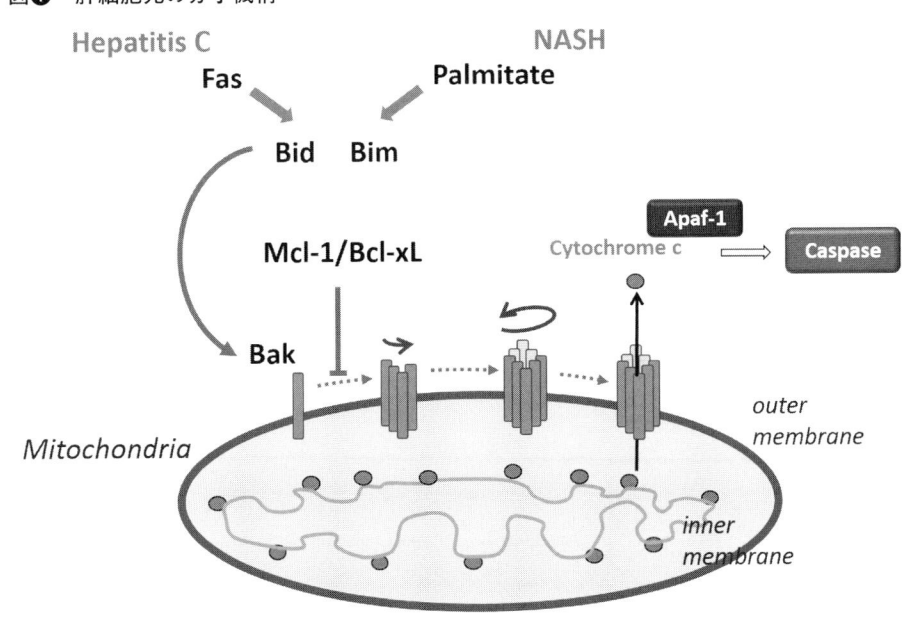

図❶ 肝細胞死の分子機構

肝細胞では種々の病態で BH3-only タンパクが活性化され Bak あるいは Bax の重合が誘導される（図では Bak のみを記載）。肝細胞では Bcl-xL と Mcl-1 が Bak/Bax の活性化を阻害している。重合化した Bak/Bax はミトコンドリア外膜にチャネルを形成し，種々のアポトーシス惹起因子（チトクロム c など）を細胞質に放出する。Bak/Bax の重合化はアポトーシスの point of no return であり，Bcl-xL と Mcl-1 はこのイベントを制御するキーモレキュールである。
NASH：非アルコール性脂肪肝炎

2. 腫瘍におけるアポトーシス抑制性 Bcl-2 ファミリーの過剰発現

前述したように Bcl-2 はリンパ腫をはじめ血液系の腫瘍で高発現しており，がんの進展に重要な意義をもっている．固形がんにおいてもこれらのファミリー分子は高発現していることが示されており，多くのがんにおいてアポトーシス耐性に関与していると考えられる．

われわれは，肝がんでは約 1/3 の症例で Bcl-xL の高発現がみられ，肝がん細胞のアポトーシス耐性に関与していることを示してきた[5]．特に Bcl-xL は *p53* によって誘導される細胞死を強力に抑制していた．Bcl-xL は転写レベルでの発現増強以外に，マイクロ RNA による転写後修飾[6]や脱アミド化による翻訳後修飾[7]などの種々のメカニズムで機能増強がみられる．Bcl-xL の高発現によるアポトーシス耐性は，個体レベルでは腫瘍の増大を促進することがマウスの皮下腫瘍モデルで示されている[8]．また，Bcl-xL が高発現している肝がんは肝切除後の予後が不良であり，臨床的な悪性度にも関連していることが示されている[9]．

アポトーシス抑制性の Bcl-2 ファミリー分子は BH1，BH2 および BH3 ドメインの α ヘリックスを用いて BH3 groove と呼ばれる溝を形成している．この BH3 groove は BH3-only タンパクや Bak/Bax の BH3 ドメインと結合することによりミトコンドリア経路のアポトーシスを抑制する．したがって，アポトーシス抑制性 Bcl-2 分子の BH3 groove に結合する小分子を開発すれば Bcl-2 の機能が抑制でき，がんの治療薬につながる可能性がある．さらに，アポトーシス抑制性 Bcl-2 分子が過剰発現している腫瘍細胞では，Bid や Bim などの BH3-only タンパクによるストレスがすでに過剰に生じており，Bcl-2 タンパクの高発現にその生存が addict しているという考え方があり，このことが Bcl-2 阻害薬の腫瘍特異性を担保すると考えられている．

このクラスの薬剤の中で最も詳細に検討されているのが ABT-737 であり，その経口可能な誘導体である ABT-263 は血液腫瘍や肺がんを対象に臨床開発段階に入っている．Bcl-2 阻害薬である ABT-737 は，その構造的な類似性から Bcl-2 だけでなく Bcl-xL，Bcl-w に対しても阻害活性があるが，Mcl-1，Bfl-1 に対しては抑制活性がない．ABT-737 を肝がん細胞株に作用させると，ストレス存在下では細胞死が誘導されるが，生理的な状態では細胞死が誘導されない．これは肝がん細胞株が Bcl-xL だけではなく Mcl-1 も高発現しているからである．近年，肝がんに対して承認されているソラフェニブは Mcl-1 の発現を低下させる活性をもっている．ソラフェニブと ABT-737 の併用は多くの肝がん細胞でアポトーシスを強力に誘導し，肝がんの増殖が抑制されることが示されている[8]．このように，Bcl-2 阻害薬はがんの細胞死抵抗性を解除し期待できる薬剤であるが，多くのがんは複数のアポトーシス抑制性 Bcl-2 ファミリーを高発現している可能性があり，このような腫瘍では腫瘍に応じて適切な薬剤の組み合わせを検討することが必要である．

一方，B 細胞リンパ腫などの血液系の悪性腫瘍は Bcl-2 の高発現に依存しており，Bcl-2 のみを標的とした薬物のほうが安全性と効果が高いと考えられている．実際に，ABT-737，ABT-263 の有害事象として血小板低下があることが知られているが，これは血小板の生存が Bcl-xL に依存しているためである[10]．このような背景から，近年 Bcl-2 のみに選択的な阻害活性を示す ABT-199 が開発され，ヒトに対する投与試験でも血小板減少作用がないことが示され，その臨床開発が期待されている[11]．

II. 臓器を構成する実質細胞の死と発がんの関係

1. 臓器の慢性炎症と発がん

がんの発生メカニズムは多岐にわたるが，近年，

3. がんと細胞死

図❷ 肝細胞アポトーシスの持続は肝発がんを誘導する

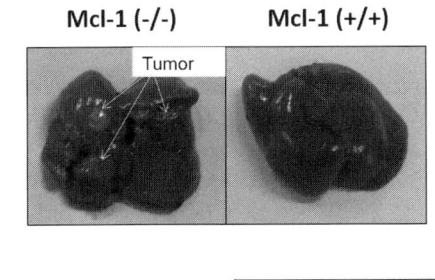

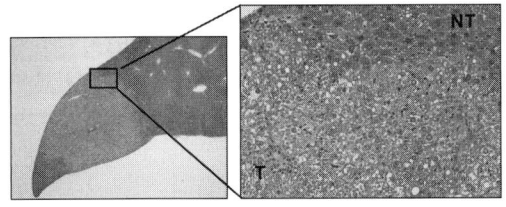

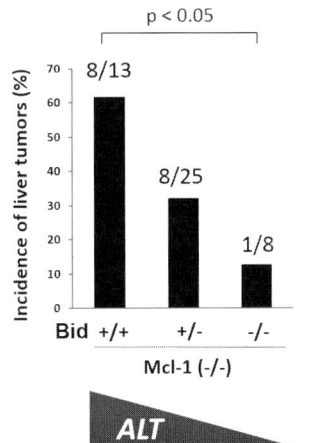

肝細胞特異的に mcl-1 をノックアウトしたマウスは生後早期より肝細胞アポトーシスを自然発症し，血清 ALT 値の上昇が生涯持続する．同マウスは軽度の線維化の進行とともに1年齢以降において高率に肝細胞がんを発症する．mcl-1 ノックアウトマウスにおいて BH3-only タンパクの1つである Bid を欠損させると，肝細胞のアポトーシスと血清 ALT 値の上昇は遺伝子量依存的に軽減し，同時に発がん率は著明に低下した．

（グラビア頁参照）

臓器の慢性炎症を基盤とした発がんが注目されている．典型的な例が肝がん，胃がん，大腸がんなどの発生である．肝がんはウイルス肝炎やそれ以外の肝炎（非アルコール性脂肪肝炎など）を基礎疾患として発症する．胃がんはピロリ菌の感染による慢性胃炎を背景病変として発生する．また，少なくとも一部の大腸がんは炎症性腸疾患を基礎疾患として発症している．

2. 肝炎と肝細胞アポトーシス

肝炎は肝細胞の傷害で特徴づけられる病態であり，臨床的には肝細胞からの逸脱酵素である血清 ALT 値の上昇が肝炎診断の優れたマーカーである．慢性肝疾患における肝細胞死については，ピースミールネクローシスやブリッジングネクローシスなどの病理学的な名称から漠然とネクローシスであると考えられてきたが，われわれはウイルス肝炎における細胞死はアポトーシスが主体であることを報告してきた[12]．実際に，C 型肝炎や非アルコール性脂肪肝炎の患者の肝臓では Fas レセプターの発現や Tunnel 陽性の肝細胞が観察され，肝細胞のアポトーシスの程度と病態に密接な関連があることが示されている[13]．近年，臨床使用可能なカスパーゼ阻害薬が複数開発されており，ウイルス肝炎や脂肪肝炎患者に対する臨床試験が行われている．それによると，カスパーゼ阻害薬の服用により血清 ALT 値の有意な低下がみられており，これらの慢性肝疾患における血清 ALT 値の上昇がカスパーゼ依存的な現象であることが証明されている[14)15]．

3. 肝細胞アポトーシスによる肝発がん

ウイルス肝炎からの発がんについては，実験医学的には C 型肝炎ウイルスや B 型肝炎ウイルスのトランスジェニックマウスが発がんを起こすことから，ウイルスそのものが発がんの要因になっていることが明瞭に示されている．しかし，肝臓の慢性炎症の本体である肝炎そのものが発がんを

起こすかどうかについては明確なエビデンスが示されてこなかった。

われわれは肝臓におけるBcl-xLおよびMcl-1の機能を解析するために，肝細胞特異的な*bcl-xL* [16]，*mcl-1* [17] の欠損マウスを作製した。これらの遺伝子の全身でのノックアウトは胎生致死であることが知られていたが，肝細胞特異的なノックアウトマウスはともにメンデルの法則に従って出生し，個体レベルでは明らかな異常は呈さなかった。しかし，肝臓では生後早期より肝細胞アポトーシス像が散在性に観察され，血清ALT高値を終生持続した（図❷）。

われわれは *bcl-xL* あるいは *mcl-1* 欠損マウスでは持続的な肝細胞アポトーシスが観察されることを利用し，アポトーシスの持続が肝臓に及ぼす影響を解析した。これらのマウスでは3ヵ月齢以降において肝臓の線維化が観察された。肝臓ではアポトーシス小体が肝細胞やクッパー細胞に活発に貪食されており，この際にTGFβが産生されていた[12]。また，1年齢以降になると高率に肝腫瘍を形成した[18]。腫瘍は組織学的にはヒトの高分化型肝細胞がんに酷似しており，生化学的にもAFPやGlypican3を産生していた。また，*bcl-xL* 欠損マウスの腫瘍ではMcl-1が，*mcl-1* 欠損マウスの腫瘍ではBcl-xLが高発現しており，このような survival advantage の獲得が最終的な腫瘍の形成に重要であることが示唆された。*mcl-1* 欠損マウスにみられる肝腫瘍の形成は，BakあるいはBidを欠損させ，肝細胞アポトーシスを抑制し血清ALT値を低下させることにより，その発生率を低下させることが可能であった。アポトーシスを起こしている肝臓では炎症性サイトカインの産生や酸化ストレスの上昇がみられ，N-acetyl cysteine（NAC）の投与により酸化ストレスを軽減させると肝腫瘍の発生率は抑制された。

ウイルス肝炎からの肝臓の病態形成には肝炎ウイルスそのものの影響があり，また非アルコール性脂肪肝炎では蓄積した脂肪酸の組成が疾患の進行に影響することが報告されている。一方，今回の結果は両者の共通の病態である肝細胞アポトーシスの持続そのものが疾患進行の少なくとも十分条件になっていることを示している。ウイルス肝炎や脂肪肝炎からの疾患進行の抑制には，ウイルス排除や脂肪蓄積の軽減とともに，アポトーシスそのものの抑制が重要な標的になると考えられる。

おわりに

がんとアポトーシスの関連は複雑であり，臓器の慢性炎症では正常な実質細胞のアポトーシスによる脱落があり，このような現象の長期化はがんの発生を促す可能性がある。一方，いったん細胞ががん化すると，がん細胞は種々のストレスに曝されておりアポトーシスから回避することががんの進展には必要になってくる。このようなことから臓器レベルでみると，アポトーシスはがんの発生を促進するとともに，逆にがんの進展を抑制するようにみえる。このようなアポトーシスのがんにおける二面性は，標的としている細胞が正常細胞とがん細胞で異なることを考えると理解しやすい。このような二面性はアポトーシスを標的としたがん治療あるいは発がん予防を考えるうえでは極めて重要である。例えばBcl-2阻害薬を用いたがん治療を考えると，短期間の治療は有効であると考えられるが，長期の使用については発がんの視点で安全性があるかどうか十分検討する必要がある。また逆に，肝炎の治療としてカスパーゼ阻害薬の投与を長期に行う場合は，すでに存在する微小ながんの進展を促進してしまう可能性について十分検討する必要がある。以上のようなことを考慮したうえで，アポトーシスを標的としたがんの治療が今後ますます展開していくことを期待して本稿を終える。

参考文献

1) Hanahan D, Weinberg RA : Cell 144, 646-674, 2011.
2) Tsujimoto Y, Cossman J, et al : Science 228, 1440-1443, 1985.
3) Youle RJ, Strasser A : Nat Rev Mol Cell Biol 9, 47-59, 2008.
4) Chipuk JE, Moldoveanu T, et al : Mol Cell 37, 299-310, 2010.
5) Takehara T, Liu X, et al : Hepatology 34, 55-61, 2001.
6) Shimizu S, Takehara T, et al : J Hepatol 52, 698-704, 2010.
7) Takehara T, Takahashi H : Cancer Res 63, 3054-3057, 2003.
8) Hikita H, Takehara T, et al : Hepatology 52, 1310-1321, 2010.
9) Watanabe J, Kushihata F, et al : Surgery 135, 604-612, 2004.
10) Kodama T, Hikita H, et al : Cell Death Differ 19, 1856-1869, 2012.
11) Souers AJ, Leverson JD, et al : Nat Med 19, 202-208, 2013.
12) Mita E, Hayashi N, et al : Biochem Biophys Res Commun 204, 468-474, 1994.
13) Feldstein AE, Canbay A, et al : Gastroenterology 125, 437-443, 2003.
14) Pockros PJ, Schiff ER, et al : Hepatology 46, 324-329, 2007.
15) Ratziu V, Sheikh MY, et al : Hepatology 55, 419-428, 2012.
16) Takehara T, Tatsumi T, et al : Gastroenterology 127, 1189-1197, 2004.
17) Hikita H, Takehara T, et al : Hepatology 50, 1217-1226, 2009.
18) Hikita H, Kodama T, et al : J Hepatol 57, 92-100, 2012.

竹原徹郎

1984 年　大阪大学医学部卒業
　　　　 同第一内科
1998 年　米国マサチューセッツ総合病院消化器科
2001 年　大阪大学大学院医学系研究科分子制御治療学助教授
2005 年　同消化器内科学助教授
2011 年　同教授

専門はウイルス肝炎，肝がん，研究領域は細胞死，免疫。

第②章　細胞死と疾患

4. 糖尿病における膵島構成細胞の生死

石原寿光

膵β細胞量は，既存のβ細胞の複製あるいは仮想的前駆細胞からのβ細胞の新生により増加し，一方，アポトーシス，オートファジー，ネクローシスの3つのプロセスを基盤とする細胞死により減少する。また最近では，β細胞が内分泌前駆細胞に脱分化することもβ細胞減少の一因であることが示されている。細胞死や脱分化に向かわせる誘因として，酸化ストレス，小胞体ストレスなどを含んだ環境ストレスが重要である。これらの因子がもたらす細胞の運命決定のメカニズムに関して，着実に解明への進歩が遂げられているが，未解決の問題も多い。

はじめに

糖尿病は，1型，2型，その他の特定の要因による糖尿病，妊娠糖尿病の4つに大別される。今日，世界中で2型糖尿病が爆発的に増加しており，日本においては糖尿病全体の80％以上を占めている。また，北欧などでは1型糖尿病も少なくないが，典型的な1型糖尿病では自己免疫機序による膵β細胞の破壊が病態の本態である。一方，生活習慣病の代表である2型糖尿病は，肝臓や骨格筋・脂肪組織でのインスリン抵抗性の亢進のうえにβ細胞の障害が加わって初めて発症する。さらに最近では，β細胞とともに膵島を構成するα細胞の機能異常も重要であると考えられている。α細胞は血糖上昇を担うホルモンであるグルカゴンを分泌する。β細胞の障害は機能的障害（個々のβ細胞のインスリン分泌能低下）と量的異常（β細胞数の低下）により起こる[1)2)]（図❶）。どちらがより重要かは議論が分かれている。膵β細胞数の減少はβ細胞増殖の低下と細胞死の増加，さらにはごく最近β細胞からα細胞などの他の膵島細胞への転換によってももたらされることが明らかにされつつある。本稿では，糖尿病の本体である膵島構成細胞，特にβ細胞とα細胞の運命に関する最近の知見を概説したい。

Ⅰ．膵β細胞の増殖能

ヒトの膵β細胞の増殖能は新生児期が最も高く，その後急速に減少し，成人では通常状態で0.2％ぐらいの細胞が増えるに過ぎない[3)]。最近の報告では，げっ歯類でもほぼ同様であると考えられている[4)]。一方，β細胞が様々な状況に適応

Key Words
膵β細胞, α細胞, アポトーシス, オートファジー, ネクローシス, 脱分化, ストレス応答, inflamasome

して増殖することも知られている．例えば，肥満や妊娠でのインスリン抵抗性に伴うインスリン需要の増加に伴い，β細胞は増殖する．げっ歯類では10倍近く増殖することが知られているが，ヒトではせいぜい1.5倍になる程度である．げっ歯類では，膵部分切除や薬剤によるβ細胞障害によってβ細胞数が急速に減少した場合には，β細胞の再生機転が活発になる[3]．こうした再生機転を研究することによって，β細胞の前駆細胞そのもの，あるいはβ細胞再生の方法を見出そうとする研究が現在盛んに行われ，次々と興味深い報告がなされている．これらの研究では10〜20週齢のマウスやラットを用いているが，げっ歯類でも60週齢以降では膵障害後の再生能は低いことが報告されている[4]．

II．膵β細胞死

1型の糖尿病では，数年かけてβ細胞の自己免疫学的機序による障害が進行し，70〜90％のβ細胞が破壊されたところで明らかな糖尿病を発症する．一方，2型糖尿病では，おそらく10年以上かけて骨格筋や肝臓でのインスリン抵抗性の亢進とともにゆっくりとβ細胞の減少が進み，25〜50％程度のβ細胞が消失した段階で明らかな糖尿病を発症する．このβ細胞現象の過程では，その機能異常も伴うことが通例である．前項で述べたようにβ細胞の増殖能は低く，細胞死を防ぐことは治療ターゲットとしては重要であると考えられる．現在までにアポトーシスによるβ細胞死の研究は進展しており，さらに最近オートファジーの関与が明らかにされたところである．一方，ネクローシスの関与に関する研究は少ない．

1．アポトーシスによる膵β細胞死

多くの1型糖尿病における自己免疫的機序を介した膵β細胞死では，アポトーシスがその主要なメカニズムと考えられている[5]．活性化マクロファージあるいはT細胞が直接β細胞に接触して細胞死をもたらす機構と，これらの細胞から放出される液性因子により起こる細胞死が存在する．前者では，他の細胞におけるFas/Fasリガンドシステムからのカスパーゼ活性化と同様に，カスパーゼ3が活性化されアポトーシスに至る．また，IFN-γおよびIL-1βなどの可溶性分子が放出され，受容体への結合を介して，様々な細胞内シグナル伝達機構が活性化される．その結果，ミトコンドリア経由のアポトーシスや小胞体ストレス応答経路の活性化によるアポトーシスが誘導される．1型糖尿病におけるアポトーシス誘導機構に関して図❷にまとめた．

また，2型糖尿病における膵β細胞死では，細胞外の環境ストレスに誘発されるアポトーシスが主要な役割を演じると考えられている．β細胞はインスリンを分泌するために特化された細胞であり，多量のインスリンを合成している．このため，通常から小胞体ストレスが高い状態にある．またβ細胞は，superoxide dismutaseなどの抗酸化タンパクの発現量が他の組織・細胞より低いことが知られ，酸化ストレスに対して障害を強く受ける[6]．さらに，膵島へは豊富な血流が供給されているが，低酸素状態ではα細胞に比べβ細胞の生存能が弱いことも明らかにされている[7]．Kaufmanのグループの研究によれば，高脂肪食

図❶　膵β細胞量の調節過程

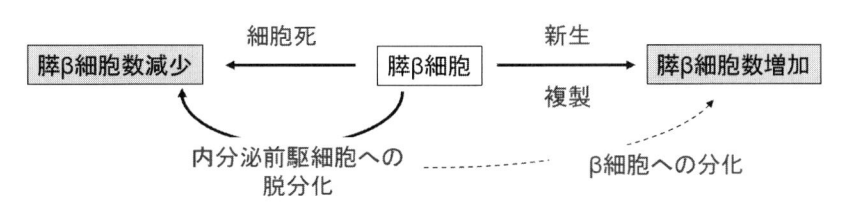

膵β細胞数減少 ← 細胞死 — 膵β細胞 — 新生／複製 → 膵β細胞数増加

内分泌前駆細胞への脱分化　┄┄┄┄　β細胞への分化

図❷ 小胞体ストレスがアポトーシスを誘導するメカニズム

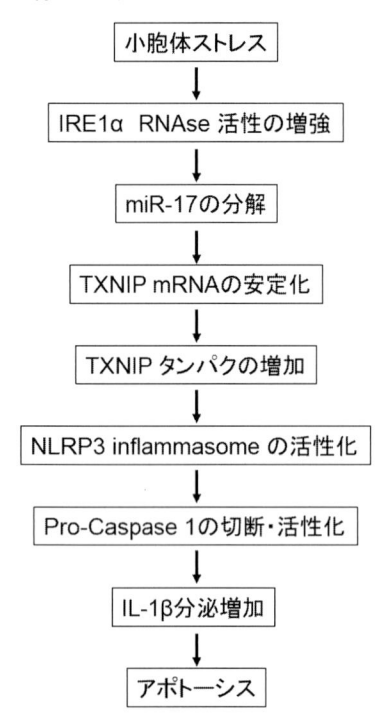

小胞体ストレス
↓
IRE1α RNAse 活性の増強
↓
miR-17の分解
↓
TXNIP mRNAの安定化
↓
TXNIP タンパクの増加
↓
NLRP3 inflammasome の活性化
↓
Pro-Caspase 1の切断・活性化
↓
IL-1β分泌増加
↓
アポトーシス

で飼育された野生型肥満マウスのβ細胞では，折りたたみ異常を起こしたプロインスリン分子が多くなっていることを示唆し，インスリン需要の増加が小胞体ストレスを亢進させることを実証した．しかし，電子顕微鏡でβ細胞を観察すると，高脂肪食下で飼育された肥満マウスβ細胞の小胞体構造は正常であった[8]．高脂肪食に曝露され高インスリン血症を呈するようになっただけでは，正常のβ細胞は小胞体ストレスが亢進しても，それに対して破綻することはないことを示している．一方，小胞体ストレス応答シグナリングに重要である eIF2α のヘテロ変異マウスを高脂肪食で飼育した場合には，折りたたみ異常を起こしたプロインスリン分子がさらに増加し，小胞体は膨化していた．遺伝的に小胞体ストレスに弱い個体で破綻に向かうと考えられる．

特定の要因による糖尿病に分類されるインスリン遺伝子の変異による糖尿病の一部では，2つあるアレルのうち1つに異常が存在するだけで，新生児期にインスリン依存状態の糖尿病を発症するものがある．これらは，いわゆるコンフォメーション病の典型であり，片方のアレルから正常インスリンが産生されるにもかかわらず，異常インスリンが小胞体ストレス誘導性のアポトーシスを惹起し，β細胞死を引き起こす結果，糖尿病に至る[9]．

このように，小胞体ストレスは糖尿病の様々な病態において重要な役割を果たすが，そのアポトーシス誘導のメカニズムが最近明らかにされた．小胞体ストレス応答によって修復に向かわせるのか，個体を守るために細胞の死を選択するのか，小胞体ストレスの強さのどこに線引きが行われるのか，そのメカニズムに関心がもたれていたが，この点がようやく明らかになりつつある．Papa のグループ[10]と Urano のグループ[11]は独立に，小胞体ストレスからアポトーシスの引き金になる重要な分子として，thioredoxin-interacting protein（TXNIP）を同定した．小胞体ストレスによって活性化されるタンパクキナーゼ IRE1α は RNAse 活性も有しており，その働きにより TXNIP を不安定化させる microRNA である miR-17 を分解する．この結果，TXNIP の発現が増加し，NLRP3 inflamasome が活性化され，procaspase-1 の切断およびそれに続く IL-1β の分泌が最終的にアポトーシスを引き起こすと推論されている．このメカニズムは創薬のターゲットになる可能性があり，非常に重要な研究結果である．

2．膵β細胞におけるオートファジー関連細胞死

オートファジーは細胞自らにアミノ酸を供給する機構であるとともに，細胞内小器官のリサイクルに重要であり，細胞の正常な機能発現に不可欠な機構である．最近になって，β細胞の増殖あるいは死とオートファジーの関連が明かにされてきているが，いまだ不明な部分も多い．

オートファジー過程に必須の因子である *ATG7*（autophgy related gene 7）を膵β細胞で特異的

に欠損させたマウスにおいて，グルコース応答性のインスリン分泌機構の障害と，高脂肪食下でインスリン需要が高まった時のβ細胞増殖の抑制が報告されている[12]。高脂肪食下の*ATG7*欠損β細胞ではKi-67陽性細胞が減少し，カスパーゼ3陽性細胞が増えたことから，オートファジーはβ細胞増殖促進とカスパーゼ3依存性の細胞死を抑制する役割を担うことが示唆されている。

一方，オートファジーが膵β細胞死を促進している観察も報告されている。Pdx1（pancreas duodenal homeobox 1）のヘテロ欠損マウスは2型糖尿病様の病態を示すことが知られているが，このマウスの膵島では形態学的（オートファゴソームの増加）にも生化学的（LC3-Ⅱの増加）にもオートファジーの亢進が観察された。このPdx1ヘテロ欠損マウスをオートファジーの進行に重要な役割を担うBecn1のヘテロ欠損マウスと交配し，オートファジーを抑制したところ，β細胞死が減少したことも報告されている[13]。同じグループは，膵β細胞株のMIN6細胞をアミノ酸飢餓状態にしたところ細胞死が誘導されるが，それはオートファジー過程に必須の因子である*ATG5*のノックダウンにより抑制されることを示している[13]。これらのことから，オートファジーの亢進がβ細胞死を亢進させると主張している。しかし，Becn1はオートファジーと無関係の作用ももっているので，オートファジーの抑制以外の効果である可能性もあり，今後検討が必要であると思われる。

また，ヒト2型糖尿病の膵島を観察したところ，オートファゴソーム様の空胞を伴うβ細胞死が非糖尿病者より多く見つかった[14]。さらに，2型糖尿病のβ細胞では，オートファジー応答の後期でオートファゴソーム形成に重要な役割を果たすLAMP2（lysosome associated membrane protein 2）の発現が減少していることが示されており，オートファジーの制御の異常が示唆されている。これらのことから，オートファジー関連細胞死が2型糖尿病におけるβ細胞死に何らかの関与をしていると思われる。今後のさらなる研究の発展が期待される。

3．ネクローシスによる膵β細胞死

膵島をIL-1に曝露すると，NOを介するメカニズムによりβ細胞死が誘導されるが，この時にβ細胞の膨化が認められるとともにネクローシスの時に細胞から放出されるHMGB1（high mobility group box 1）タンパクが培養液中に出現することから，IL-1による1型糖尿病でのβ細胞死がネクローシスによるものであるとの主張もある[15]。ネクローシスによるβ細胞死を報告したものは少ないので，今後このような検討が蓄積されていくことが必要であると考えられる。

Ⅲ．β細胞からα細胞への転換

ごく最近，β細胞から他の膵島構成細胞，特にα細胞への転換が3番目のβ細胞数調節のメカニズムであることが示された。以前から，1型糖尿病でも2型糖尿病でもβ細胞の減少とともにα細胞の増加が病態の初期に認められており，この関係に興味がもたれていたが，しっかりとした検討はされてこなかった。Accili のグループは*FOXO1*欠損マウスの解析において lineage-tracing の方法を応用し，その結果，β細胞の減少はβ細胞の死によるのではなく，むしろβ細胞が脱分化し，内分泌前駆細胞様の細胞へと変わるためであることを明らかにした[16]。その後，これらの細胞の一部はα細胞や他のホルモン分泌細胞に再分化していくようである。さらに続いて de Koning のグループは，ヒトの初代培養β細胞が特に遺伝子操作などなしにα細胞へと変換することを報告している[17]。非常に興味深い報告であり，さらなる研究の発展が期待される。

おわりに

膵β細胞の障害のうち，その数・量の減少が糖尿病の発症に必須であることは疑いがない。その

過程を詳細に解析し，それらを抑制するあるいは逆の方向へと向かわせる可能性を追求することは，糖尿病の根治に向けた第一歩である．最後に述べたβ細胞減少の一因としての脱分化メカニズムは，ほとんどの膵島細胞が失われてしまう糖尿病の終末像に至る前の段階でβ細胞に再分化させえる可能性も示しており，非常に興味深いものである．

参考文献

1) Sakuraba H, Mizukami H, et al : Diabetologia 45, 85-96, 2002.
2) Butler AE, Janson J, et al : Diabetes 52, 102-110, 2003.
3) Xu X, D'Hoker J, et al : Cell 132, 197-207, 2008.
4) Rankin MM, Kushner JA : Diabetes 58, 1365-1372, 2009.
5) Cnop M, Welsh N, et al : Diabetes 54 Suppl 2, S97-107, 2005.
6) Robertson P, Harmon JS : FEBS Lett 581, 3743-3748, 2007.
7) Vasir B, Aiello LP, et al : Diabetes 47, 1894-1903, 1998.
8) Scheuner D, et al : Nat Med 11, 757-764, 2005.
9) Stoy J, et al : Proc Natl Acad Sci USA 104, 15040-15044, 2007.
10) Lerner AG, Upton JP, et al : Cell Metab 16, 250-264, 2012.
11) Oslowski CM, Hara T, et al : Cell Metab 16, 265-273, 2012.
12) Ebato C, Uchida T, et al : Cell Metab 8, 325-332, 2008.
13) Fujimoto K, Hanson PT, et al : J Biol Chem 284, 27664-27673, 2009.
14) Masini M, Bugliani M, et al : Diabetologia 52, 1083-1086, 2009.
15) Steer SA, Scarim AL, et al : PLoS Med 3, e17, 2006.
16) Talchai C, Xuan S, et al : Cell 150, 1223-1234, 2012.
17) Spijker HS, Ravelli RB, et al : Diabetes, 2013 Apr 8. [Epub ahead of print]

石原寿光
1988年　東京大学医学部医学科卒業
1990年　同第三内科糖尿病研究室（現糖尿病代謝内科）入局
1998年　Geneve大学細胞生理代謝学教室留学
2001年　東北大学医学部糖尿病代謝科
2008年　日本大学医学部糖尿病・代謝内科教授

膵島の研究をテーマに糖尿病根治の道を探りたい．

第2章 細胞死と疾患

5. Bcl-2タンパク質を標的とする化合物と作用機序の分子メカニズム

岡本　徹・松浦善治

　アポトーシスはダメージを受けた細胞，不要となった細胞を生体内から除去するために必須なシステムであり，その破綻は自己免疫性疾患や発がんなどの様々な疾患の原因となる。アポトーシスの制御において，Bcl-2ファミリーに属するタンパク質群はその中心的役割を演じている。本稿では，Bcl-2タンパク質間の相互作用によるアポトーシスの制御機構とBcl-2タンパク質ファミリーを標的とする化合物や機能性ペプチドの最近の知見について概説する。

I. Bcl-2タンパク質ファミリー

　Bcl-2タンパク質ファミリー[用解1]は大きく3つに分別される（図❶A）。Bcl-2, Bcl-w, Bcl-xL, Mcl-1, A1/Bfl1, Bcl-B（ヒトのみ）などのBcl-2タンパク質はBcl-2 homology（BH）ドメインをもち，アポトーシスを抑制する働き（pro-suvival）がある。一方，BaxやBakはBcl-2タンパク質と非常に似た構造をもつが，Bcl-2タンパク質とは異なり，アポトーシス刺激においてはホモ多量体を形成し，ミトコンドリア外膜透過性（MOMP）[用解2]を亢進する。また，BH3-onlyタンパク質はBcl-2タンパク質の約26アミノ酸からなるBH3ドメインのみをもち，Bcl-2タンパク質のpro-survival活性を抑制してアポトーシスを誘導する。また，BaxやBakに直接結合し，活性化することもできる。BH3-onlyタンパク質は，様々なアポトーシスの誘導において，転写や翻訳後修飾によって誘導されるタンパク質群である[1]。

1. Bcl-2タンパク質ファミリー間の相互作用

　Bcl-2タンパク質は，疎水性に富んだBH3-binding grooveを介してBaxやBak, そしてBH3-onlyタンパク質と高い親和性で結合することが知られている。しかしながら，Bcl-2タンパク質との相互作用には特異性があり，BH3-onlyタンパク質のBim, Puma, tBidはすべてのBcl-2タンパク質と結合できるのに対し，BadはMcl-1には結合できず，さらにNoxaはMcl-1だけにしか結合できない（図❶B）[2,3]。また，Bax/BakとBcl-2タンパク質との相互作用にも特異性があり，BaxはすべてのBcl-2タンパク質と強い結合能を示すのに対し[4], BakのBcl-2やBcl-wとの結合活性は低い（図❶C）[5]。

2. Bcl-2タンパク質によるアポトーシスの制御

　Bcl-2タンパク質ファミリーによるアポトーシス制御に関しては多くの研究がなされている

Key Words

Bcl-2, アポトーシス, 細胞死, ABT-737, ABT-263, ABT-199, Navitoclax, Bax, Bak

が，その制御機構は大きく分けて2つの説が報告されている（図❷A，B）[6)7)]。1つがDirect activationモデルであり，特定のBH3-onlyタンパク質（activators；Bim, tBidあるいはPuma）がBaxやBakに結合してアポトーシスを誘導する。あるいは，他のBH3-onlyタンパク質（sensitizers；BadやNoxaなど）がBcl-2タンパク質に結合し，そのpro-survival活性を抑制してアポトーシスを誘導する。このモデルでは，Bcl-2タンパク質がactivatorsとBaxやBakとの相互作用を阻害することでアポトーシスを抑制し，sensitizersがactivatorsの代わりにBcl-2タンパク質に結合すると，遊離したactivatorsがBaxやBakを活性化する（図❷A）[3)8)9)]。もう1つのモデルは，Indirect activationモデルである[4)]。このモデルではBaxやBakはBcl-2タンパク質によって常に活性化が抑制されており，すべてのBcl-2タンパク質がBH3-onlyタンパク質と結合することでBaxとBakが活性化されアポトーシスを誘導する（図❷B）。このモデルに基づき，BimやPumaは単独発現で細胞死を誘導できるが，BadとNoxaでは両者を同時に発現させないと細胞死を誘導できない（図❷C）[2)]。

II．Bcl-2タンパク質を標的とした抗がん剤開発

多くの薬剤に耐性を示すがん細胞では，Bcl-2タンパク質の発現亢進，BH3-onlyタンパク質の

図❶　Bcl-2タンパク質ファミリー

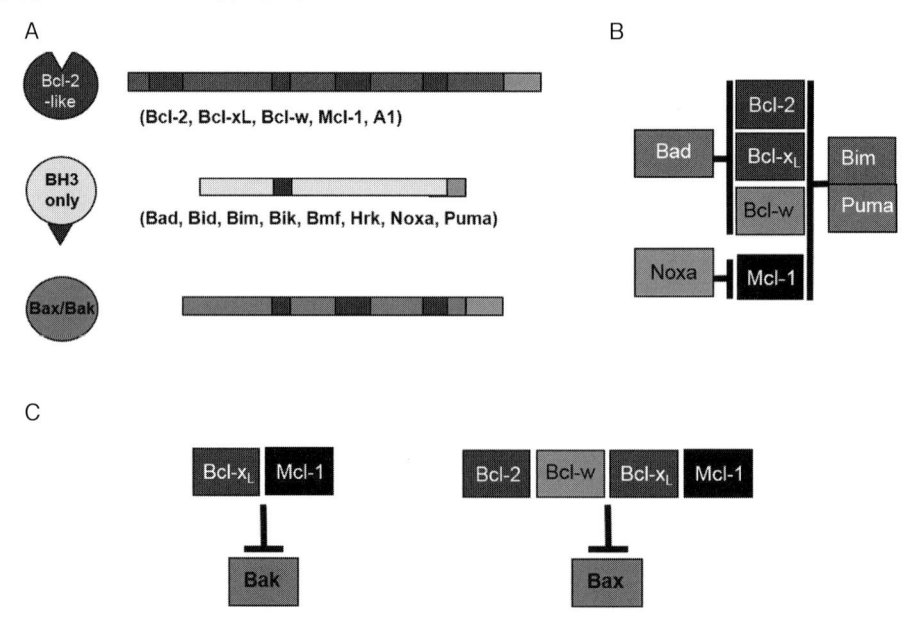

A.　Bcl-2タンパク質ファミリーは大きく3つに分別される。Bcl-2タンパク質にはBcl-2, Bcl-xL, Bcl-w, Mcl-1そしてA1があり，pro-survival活性をもつ。BH3ドメインだけをもつBH3-onlyタンパク質にはBad, Bid, Bim, Blk, Noxa, Pumaなどがあり，BaxやBakを直接あるいは間接的に活性化する。
B.　Bcl-2タンパク質とBH3-onlyタンパク質の結合様式。BimやPuma（tBidも）はすべてのBcl-2タンパク質と結合できるが，BadはBcl-2, Bcl-xLそしてBcl-wに，NoxaはMcl-1だけに結合する。
C.　Bax/BakとBcl-2タンパク質の結合様式。Bakの活性化はBcl-xL, Mcl-1によって抑制されるが，Baxの活性化はすべてのBcl-2タンパク質によって抑制される。

（グラビア頁参照）

発現異常，さらには Bax や Bak の欠損や発現低下が認められる．したがって，Bcl-2 タンパク質ファミリーが種々のがんに対する化学療法の奏効に影響を与えている可能性が考えられる[1)6)]．アメリカのアボットラボラトリーズ社が Bcl-2 の BH3-binding groove に非常に高い親和性で結合する ABT-737 を開発し（図❸A）[10)]，その経口剤（ABT-263, Navitoclax）は慢性リンパ性白血病などの臨床試験中である[11)]．この ABT-737 は 5 つの Bcl-2 タンパク質のうち，Bcl-2, Bcl-w, そして Bcl-xL に高い親和性を示すが，Mcl-1 には結合できない（図❸B）[12)]．そのため，ABT-737 は正常細胞には細胞死を誘導しないが，Mcl-1 を欠損した細胞では低濃度でも顕著に細胞死を誘導する（図❸C）[12)]．マウスでの実験や臨床試験で ABT-737/263 の副作用として顕著な血小板減少症が報告されているが[11)13)]，血小板の生存に Bcl-xL が必須であることが報告され，本薬剤が Bcl-xL に作用して血小板を減少させることが明らかになった[13)]．また，最近では Bcl-2 にのみ高い親和性をもつ ABT-263 の誘導体（ABT-199）が開発され，血小板減少症を回避できることが報告された[14)]．

III．Bcl-2 阻害剤の作用機構

上述のごとく，ABT-737/263 は Bcl-2, Bcl-w, そして Bcl-xL に結合する低分子化合物である．Merino らは，39 種類の non-Hodgkin lymphoma（NHL）由来細胞株における Bcl-2 タンパク質ファミリーの発現と ABT-263 の感受性を調べ，Bcl-2 を高発現する細胞株は ABT-263 に高い感受性を示すことを見出した[15)]．さらに，*in vivo* においても Bcl-2 を高発現しているリンパ球系細胞は ABT-263 に対する感受性が高かった．ま

図❷ Bcl-2 タンパク質ファミリーによるアポトーシス制御機構

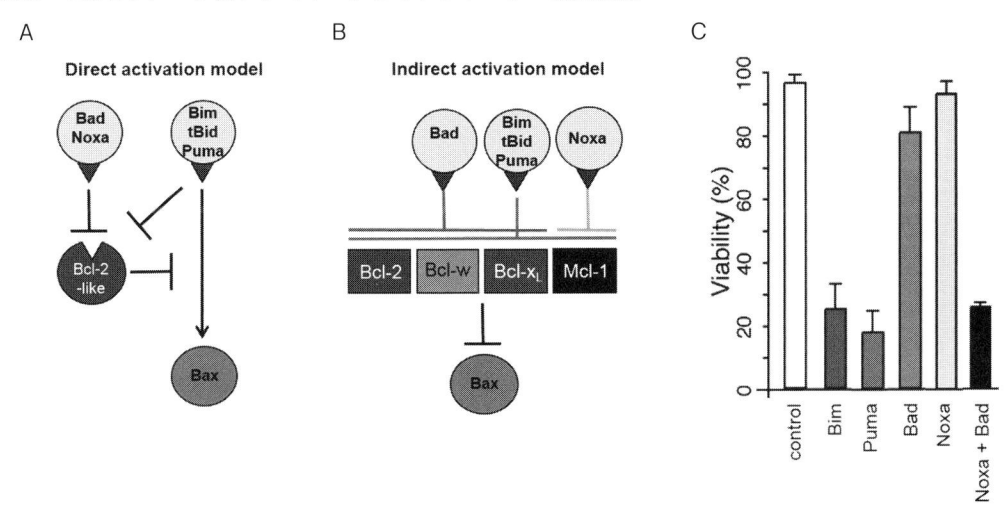

A. Bax の活性化モデル（Direct activation model）．BH3-only タンパク質は 2 つに分かれ，Bad, Noxa は sensitizer として Bcl-2 タンパク質を標的とし，Bcl-2 タンパク質の pro-survival 活性を抑制する．Bim, Puma, tBid は activator と呼ばれ，Bax に直接作用して活性化する．
B. もう 1 つの Bax の活性化モデル（Indirect activation mocel）．Bim, tBid そして Puma はすべての Bcl-2 タンパク質に結合できるため，Bax の活性を抑制できる prosurvival タンパク質が枯渇する．一方，Bad は Bcl-2, Bcl-xL そして Bcl-w に，Noxa は Mcl-1 だけに結合する．
C. そのため，Mcl-1 と結合できる Noxa を Bad とともに発現させると，すべての Bcl-2 タンパク質を阻害して細胞死が誘導される．

（グラビア頁参照）

図❸ ABT-737 は Bcl-2，Bcl-w，Bcl-xL に結合するが，Mcl-1 には結合しない

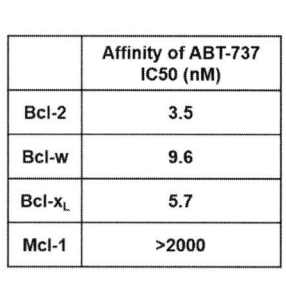

A

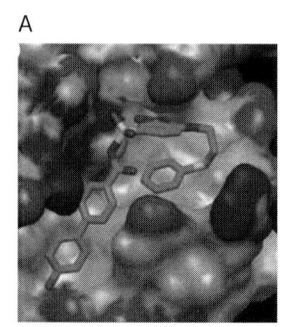

B

	Affinity of ABT-737 IC50 (nM)
Bcl-2	3.5
Bcl-w	9.6
Bcl-x$_L$	5.7
Mcl-1	>2000

C

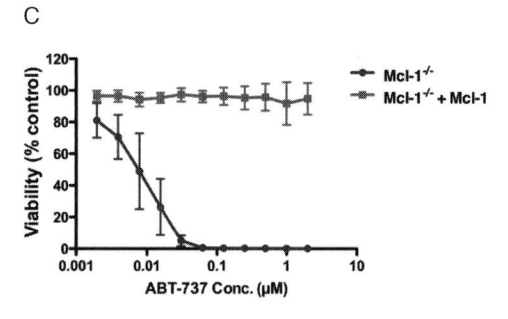

A．ABT-737 の化学構造
B．ABT-737 と prosurvival タンパク質の結合様式。ABT-737 は Bcl-2，Bcl-w および Bcl-xL と結合できるが，Mcl-1 とは結合しない。
C．ABT-737 は Mcl-1 に依存した細胞死を誘導する。Mcl-1 欠損マウスの線維芽細胞は低濃度でも ABT-737 処理で細胞死を誘導するが，Mcl-1 を発現させることによって細胞死が回避される。

（グラビア頁参照）

図❹ ABT-737/263 の作用機序

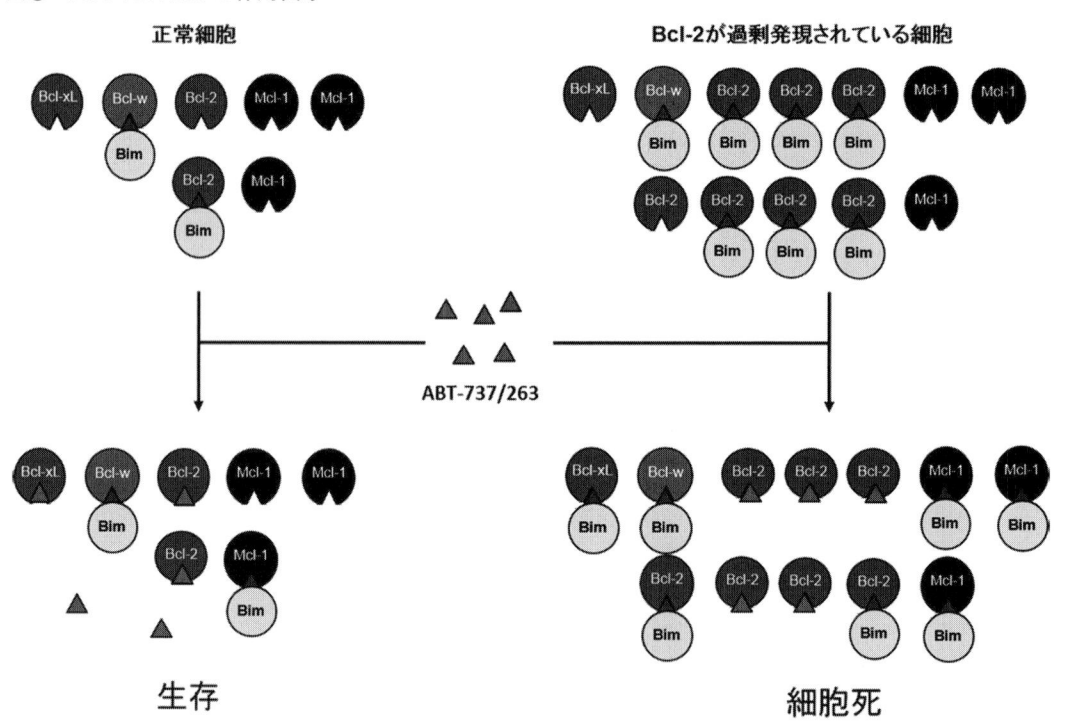

正常細胞　　　　　　　　　　　Bcl-2 が過剰発現されている細胞

ABT-737/263

生存　　　　　　　　　　　　　細胞死

Bcl-2 に結合することで Bim は安定化し，Bcl-2 過剰発現細胞では多くの Bcl-2/Bim 複合体が存在している。ABT-737/263 は Bcl-xL/Bim や Bcl-w/Bim 複合体よりも，Bcl-2/Bim 複合体から Bim を遊離させやすい特徴がある[15]。正常細胞では，ABT-737/263 によって Bcl-2 から遊離した Bim は Mcl-1 などの他の prosurvival タンパク質に結合するため細胞死は抑制される。一方，Bcl-2 が過剰発現している細胞では，ABT-737/263 によって多くの Bim が遊離し，すべての prosurvival タンパク質に結合することで細胞死が誘導される。

（グラビア頁参照）

た，BH3-only タンパク質の 1 つである Bim を欠損した細胞では ABT-263 に耐性を示し，Bcl-2 を過剰発現させても耐性を維持していた。Bim は Bcl-2 と結合することで安定化することから，ABT-737/263 の作用機序は次のように考えられる（図❹）。ABT-263 は Bcl-2 の BH3-binding groove に入り込み，Bim を Bcl-2 から引き離す。正常細胞では，ABT-263 によって遊離される Bim の分子数は他の Bcl-2 タンパク質（Bcl-w, Bcl-xL, Mcl-1）よりも少ないため，細胞死は誘

図❺ Bcl-2 タンパク質ファミリーを標的とする化合物の相互作用

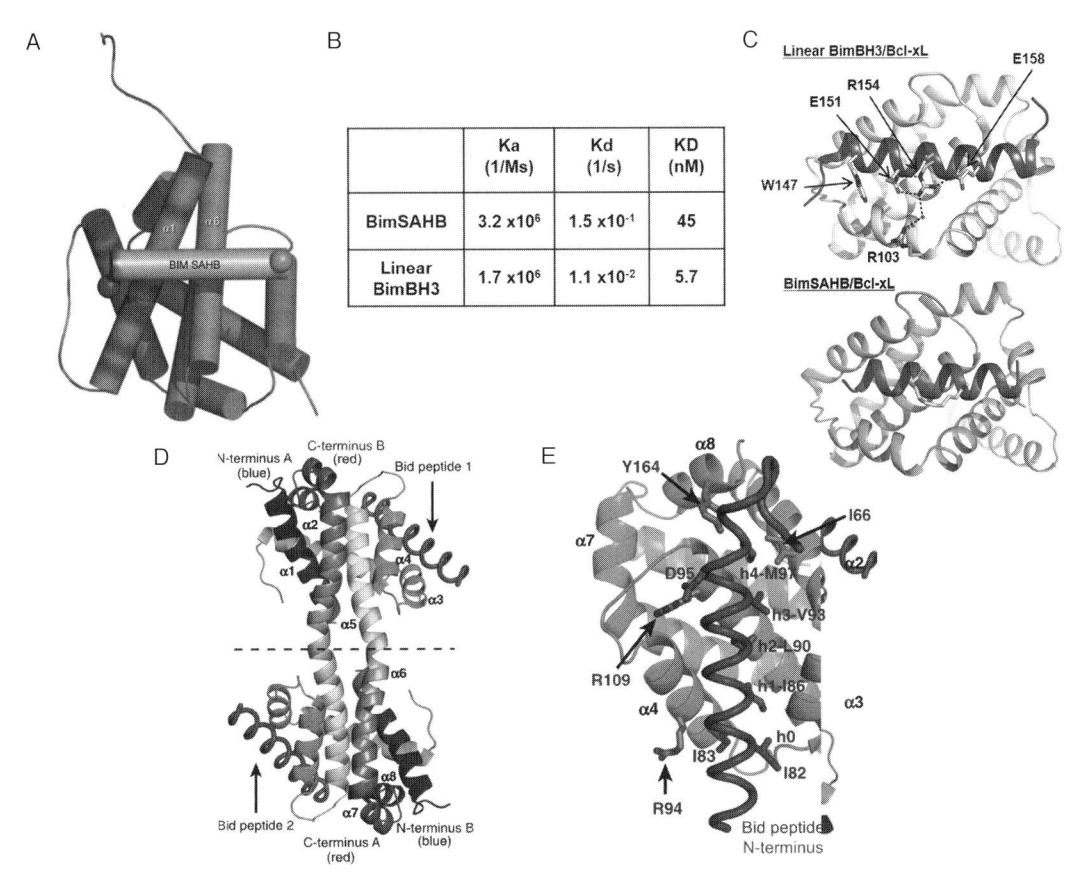

A. Gavathiotis らによる BimSAHB と Bax の結合モデル。Bax のヘリックス α1-α6 からなる "rear pocket" を介して BimSAHB と結合している。
B. Biacore S51 による Bcl-xL と BimSAHB, linear Bim との相互作用解析。BimSAHB は linear Bim と比べて，結合速度定数（on-rate）に差はみられないが，解離速度定数（off-rate）に大きな差がみられる。そのため，BimSAHB は解離定数（KD）が低くなったと考えられる。
C. Bim ペプチドと Bcl-xL の構造（上段）。Bim ペプチド 154 番目のアルギニン（BimEL 換算）は 151 番目と 158 番目のグルタミン酸と塩橋を形成している。下段は BimSAHB と Bcl-xL との構造。BimSAHB では，架橋構造の付加により，linear Bim にあった塩橋構造がない。
D. Czabotar らの BH3 ペプチドと Bax の複合体の 2 量体のタンパク質結晶に基づいた立体構造。BH3 ペプチドは Bax 分子で構成される BH3-binding groove で結合していた。
E. BH3 ペプチドによって Bax の 2 量体化を誘導するには，BH3 ドメインの h1 と h0 と呼ばれる位置のアミノ酸が重要である。

（グラビア頁参照）

導されない．一方，Bcl-2を過剰に発現しているリンパ腫細胞では，BimはBcl-2と安定に結合して増幅しており，ABT-263によってBcl-2から大量に遊離したBimはすべてのBcl-2タンパク質に結合することでBaxやBakを活性化し，細胞死を誘導すると考えられる[15]．

IV. BaxやBakの活性化を誘導する薬剤の有用性

GavathiotisらはBimのBH3ドメインの20アミノ酸(145-164残基)領域の147番目のアルギニンと158番目のグルタミン酸を(S)-pentenylalanineで架橋したBimの人工ペプチド(SAHB : stabilized α-helix of BCL-2 domains)が，Baxのヘリックスα1とα6からなるrear pocket領域と相互作用していることをNMRで明らかにした(図5A)[16]．さらに，BimSAHBとの結合に重要な21番目のリジンをグルタミン酸に置換したBax(K21E)はBimSAHBに結合せずに細胞死を減弱することから，Baxの活性化にはBimが，Baxのrear pocketに結合することが重要であることを報告している[16]．また，BimSAHBはヘリックス間を架橋することで安定な構造を維持しており，Bcl-2タンパク質との親和性も向上している[17)18]．さらに，BimSAHBは細胞膜を透過し，Baxを直接に活性化できることから，新規抗がん剤の候補としても注目されている[19]．

われわれもSAHBの細胞死誘導能について評価を行った[20]．Bimペプチド(linear BimBH3)，BimSAHBそしてBimSAHBと同じアミノ酸残基をlactam bridgeで架橋したもの(BimLOCK)をジギトニンで膜透過性を亢進させて細胞に導入しても，シトクロムcの放出に差はなく，またBimSAHBに結合できないBax(K21E)をBax/Bak欠損マウスの線維芽細胞(MEF)に導入してもアポトーシスの応答性に変化はなかった．一方，BimSAHBはlinear BimBH3に比べてBcl-2タンパク質への結合能が顕著に減弱しており(図5B)，この原因を明らかにするためBcl-xLとlinear BimBH3, BimSAHBあるいはBimLOCKとの共結晶を取得して立体構造を比較した(図5C)．その結果，linear BimBH3の151番目と158番目のグルタミン酸が154番目のアルギニンとの間で塩橋を形成しており，151番目のグルタミン酸の脂肪族側鎖が147番目のトリプトファンのインドールに収まっており，さらに154番目のアルギニンは水分子を介してBcl-xLの103番目のアルギニンと相互作用していた．しかしながら，BimSAHBやBimLOCKなどを架橋したBimペプチドではそのような分子間相互作用がみられず，Bcl-2タンパク質との結合力が低下したものと考えられた[20]．また，BimやBid由来のBH3ペプチドとBaxとの複合体の共結晶の解析では，BH3ペプチドはBax分子で構成されるBH3-binding grooveで結合しており，Gavathiotisらの報告した"rear pocket"とは異なっていた(図5D)．Baxが2量体を形成するには，BH3ドメインのh1とh0のアミノ酸が重要であることが示された[21](図5E)．

さらなる解析によって，BaxやBakを直接活性化できる化合物や機能性ペプチドが開発できれば，新しいがん治療薬の可能性を秘めている．

おわりに

生体内でのアポトーシスは，がんはもとより自己免疫疾患や病原体の排除機構などに密接に関与する．様々なBcl-2タンパク質の阻害剤やBax/Bakの活性化剤の開発によってアポトーシスをコントロールできれば，様々な疾病に応用できる可能性を秘めている．今後の新しい創薬の開発に期待したい．

用語解説

1. **Bcl-2 タンパク質ファミリー**：ミトコンドリアを介したアポトーシスの制御に関与し，Bcl-2 homology（BH）ドメインでアミノ酸相同性をもつタンパク質群。Bcl-2 タンパク質群，Bax/Bak，BH3 only タンパク質群の3つからなる。

2. **ミトコンドリア外膜透過性（MOMP）**：ミトコンドリア外膜の透過性が亢進すると，シトクロム c などの種々のタンパク質が細胞質に放出され，各種カスパーゼを活性化し，アポトーシスが実行される。

参考文献

1) Youle RJ, Strasser A : Nat Rev Mol Cell Biol 9, 47-59, 2008.
2) Chen L, Willis SN, et al : Mol Cell 17, 393-403, 2005.
3) Kuwana T, Bouchier-Hayes L, et al : Mol Cell 17, 525-535, 2005.
4) Willis SN, Fletcher JI, et al : Science 315, 856-859, 2007.
5) Willis SN, Chen L, et al : Genes Dev 19, 1294-1305, 2005.
6) Adams JM, Cory S : Oncogene 26, 1324-1337, 2007.
7) Chipuk JE, Green DR : Trends Cell Biol 18, 157-164, 2008.
8) Letai A, Bassik MC, et al : Cancer Cell 2, 183-192, 2002.
9) Kim H, Tu H-C, et al : Mol Cell 36, 487-499, 2009.
10) Oltersdorf T, Elmore SW, et al : Nature 435, 677-681, 2005.
11) Roberts AW, Seymour JF, et al : J Clin Oncol 30, 488-496, 2012.
12) van Delft MF, Wei AH, et al : Cancer Cell 10, 389-399, 2006.
13) Mason KD, Carpinelli MR, et al : Cell 128, 1173-1186, 2007.
14) Souers AJ, Leverson JD, et al : Nat Med 19, 202-208, 2013.
15) Merino D, Khaw SL, et al : Blood 119, 5807-5816, 2012.
16) Gavathiotis E, Suzuki M, et al : Nature 455, 1076-1081, 2008.
17) Walensky LD, Kung AL, et al : Science 305, 1466-1470, 2004.
18) Walensky LD, Pitter K, et al : Mol Cell 24, 199-210, 2006.
19) Pitter K, Bernal F, et al : Methods Enzymol 446 387-408, 2008.
20) Okamoto T, Zobel K, et al : ACS Chem Biol 8, 297-302, 2013.
21) Czabotar PE, Westphal D, et al : Cell 152, 519-531, 2013.

参考ホームページ

・大阪大学微生物病研究所分子ウイルス分野
http://www-yoshi.biken.osaka-u.ac.jp/

岡本　徹

2001 年	大阪大学工学部応用自然科学科卒業
2003 年	同大学院工学研究科博士前期課程修了
2006 年	同医学系研究科博士課程修了
2007 年	同微生物病研究所分子ウイルス分野特任研究員
2008 年	The Walter & Eliza Hall Institute of Medical Research, Molecular Genetics of Cancer, postdoctoral fellow（〜 2011 年）
2012 年	大阪大学微生物病研究所分子ウイルス分野助教

第 ② 章　細胞死と疾患

6. 視細胞死とセマフォリンの役割

豊福利彦・熊ノ郷　淳

　視細胞の欠損は視力障害をきたす3大疾患の1つである網膜色素変性症の特徴である。その主病因は視細胞の光感受性の亢進による過剰な細胞死である。背景に遺伝的要因があり，セマフォリン 4A（Sema4A）の点変異をもつ家族発症例が報告されている。Sema4A 欠損や点変異を導入したマウスは光刺激に対して過剰な視細胞死を示した。Sema4A の作用は色素上皮細胞内で視細胞の生存維持に必要なプロサポシン・レチノイドの膜輸送を制御して，視細胞への供給を行うことであった。

はじめに

　視細胞の欠損は視力障害の原因疾患の1つである網膜色素変性症の特徴である。網膜色素変性症の発病頻度は人口3000〜8000人に1人の割合で，ほとんどが優性遺伝，劣性遺伝，伴性遺伝より発病する。光刺激は視覚の情報伝達機構を活性化すると同時に視細胞にとって強い細胞障害を有する。光刺激に対して視細胞と隣接する色素上皮細胞は視細胞死を抑制する防御機構を有しているが，網膜色素変性症においては視細胞の光感受装置の異常による光感受性の亢進あるいは色素上皮細胞を介する防御機構の異常により視細胞の再生を上回る細胞死によって視細胞数の減少消失を起こす[1]。

　セマフォリンは神経ガイダンス因子として同定された分子群で，細胞外領域に存在するセマドメインを構造上の特徴とする。細胞表面ないし分泌されたセマフォリンは受容体であるプレキシンに結合することにより，受容体側細胞の細胞内シグナル伝達を調整して神経突起の方向性を決定する。その細胞内シグナル伝達のメカニズムはいまだにすべて解明されていないが，低分子量 G タンパク質を介する細胞骨格および接着能が重要であると考えられてきた[2]。セマフォリン，プレキシンが原因遺伝子となる疾患は数少ないが，膜型セマフォリンのセマフォリン 4A（Sema4A）の点変異が家族性網膜色素変性症に見出されている[3]。Sema4A を欠損したマウスおよび点変異を導入したマウスにおいても出生直後より急激に進行する視細胞の変性・脱落を示した。このように Sema4A が光刺激に対する視細胞の細胞死の防御に深く関与することが明らかになってきた[4,5]。

Key Words
網膜色素変性症，セマフォリン，色素上皮細胞，視細胞

I. 視細胞における視覚形成とレチノイド代謝（図❶）

　光刺激は網膜最深部に位置する視細胞の外節において膜電位変化に変換される。この膜電位変化は介在ニューロンを介して網膜内側に位置する外側節状細胞に伝達され，この細胞より伸びる視神経が脳の視覚領野に投射して視覚が形成される。視細胞の外節部の細胞膜には光刺激を感受するロドプシンが存在する[6]。ロドプシンは細胞膜貫通領域を有するオプシンとレチノイドの一種である11-cis-retinalが結合した構造をもつ。光刺激により11-cis-retinalからall-trans-retinalへの位相転換をきっかけにしてオプシンの細胞内ドメインが細胞内分子であるトランスダシンと結合する。この結合を起点としてphosphodiesterase（PDE）の活性化とcyclic GMPの細胞内濃度上昇，細胞膜に存在するcyclic GMP依存性カルシウムチャネルの開口と細胞内へのカルシウム流入が生じ，細胞膜の脱分極を起こす。位相転換したall-trans-retinalはレチノールへの変換後，隣接する網膜色素上皮細胞に輸送され，その内部の小胞体膜に存在するLRAT，RPE65により11-cis-retinalに再生され，再び視細胞へ供給される。この一連のレチノイド代謝の過程はvisual cycle[用解1]と呼ばれている。脂溶性であるレチノイドの輸送は水溶性分子との複合体形成が必要であり，IRBPが細胞間の輸送に，CRALBP，CRBP1が網膜色素上皮細胞内での輸送を担っている。

II. 視細胞死のメカニズム[1)7)]

　光刺激は，ロドプシンに結合した光感受性物質

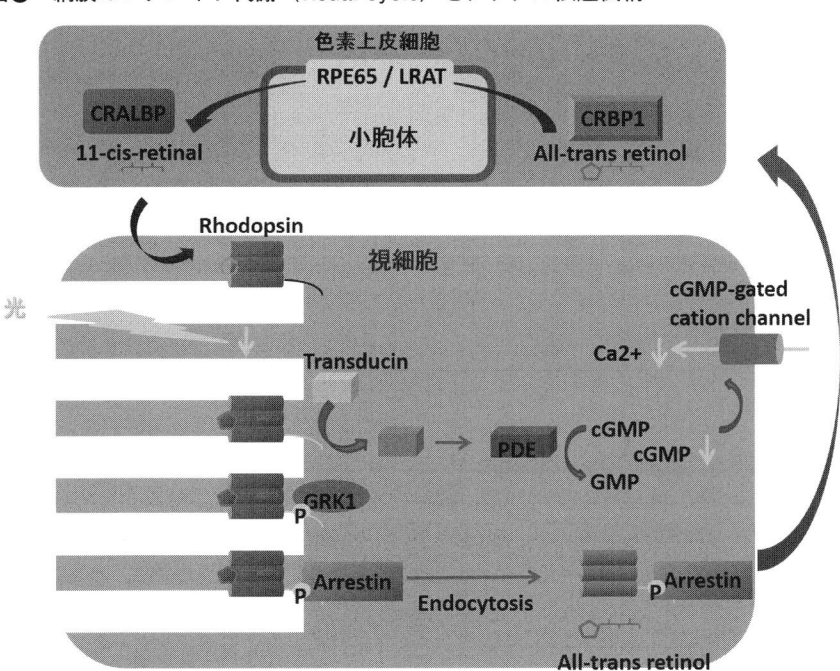

図❶　網膜のレチノイド代謝（visual cycle）とシグナル伝達機構

視細胞の外節部の細胞膜では，光刺激による11-cis-retinalからall-trans-retinalへの位相転換がcyclic GMP依存性カルシウムチャネルの活性化による細胞膜の脱分極を起こす。位相転換したall-trans-retinalは網膜色素上皮細胞に輸送され，LRAT，RPE65により11-cis-retinalに再生され，再び視細胞へ供給される。

（グラビア頁参照）

であるレチノイドの位相変換を惹起し視細胞における情報伝達系に重要であるが，一方，光刺激により視細胞内に活性酸素を発生し細胞障害を引き起こす。さらに視細胞外節は酸化されやすい不飽和脂肪酸を細胞膜に多く含有している。光刺激などの酸化ストレスにより酸化脂肪酸となり細胞障害に働く。障害された視細胞外節は隣接する色素上皮細胞により貪食され，新しい外節は視細胞の内節で新生され補填される。その分量は1日で外節全体の20％にも及ぶ。さらに色素上皮細胞は光刺激により位相変換したレチノイドを細胞内において再生する機構（レチノイド代謝回路）を維持したり，栄養供給などの機能により視細胞の生存を支えている。このように，視細胞内での酸化ストレスの除去機構とともに色素上皮細胞による貪食作用，細胞内膜輸送の破綻が光刺激による過

図❷ Sema4A欠損マウスは生後早期より視細胞のアポトーシスを起こす

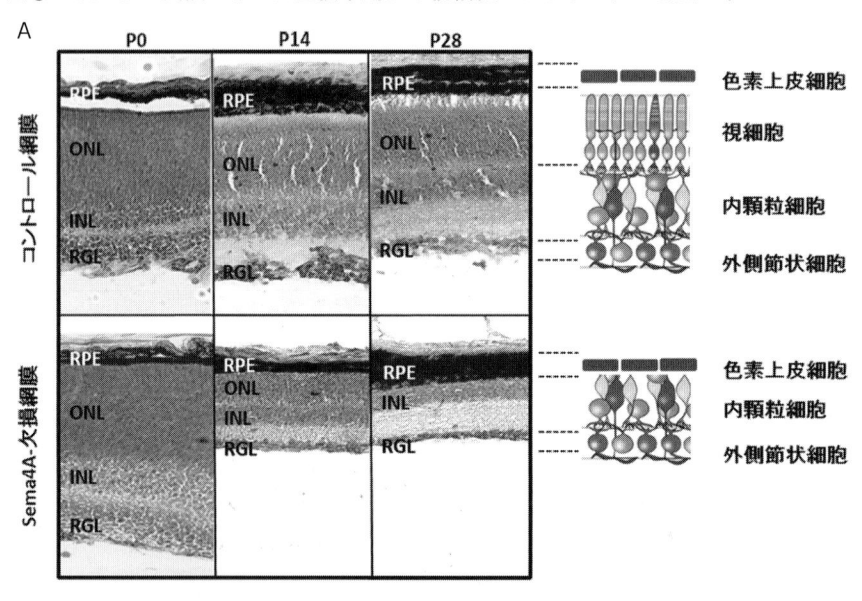

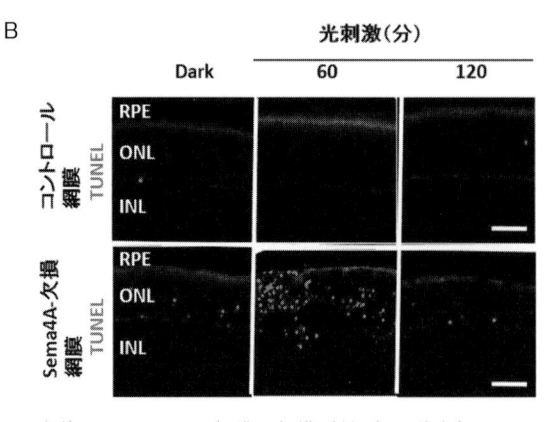

A. 生後14日，28日の網膜の組織所見（HE染色）。Sema4A欠損マウスは視細胞層の欠損を示す。
B. 生後14日の網膜のTUNNELアッセイ。暗順応したSema4A欠損マウスは光照射後に視細胞の急激なアポトーシスを示す。

（グラビア頁参照）

剰な視細胞死を引き起こす.

Ⅲ. Sema4A 欠損マウスにおける網膜変性

Sema4A は膜結合型セマフォリンファミリーに属する.セマフォリンの特徴である神経突起のガイダンス作用は認めず,その機能は免疫制御において見出された.Sema4A は樹状細胞(dendric cell)に発現し,抗原刺激により膜結合部位が切断され遊離型となりT細胞表面のTim-2と結合する.Tim-2刺激によりTh1/Th2バランスをTh2優位,すなわち免疫抑制に誘導する[8].さらに血管形成において神経・血管に発現するプレキシンファミリーのplexin-D1と結合し,血管形成の抑制作用があることも明らかとなった[9].しかしながら,Sema4A 欠損マウスの最も顕著な表現型は生後早期より急激に進行する視細胞の変性と欠損である(図❷).出生直後の胎生期網膜は正常であるが,暗順応したマウスに光照射を行いTUNNEL アッセイを行うと,光照射後 Sema4A 欠損マウスは視細胞の急激なアポトーシスを示した.

網膜において Sema4A は色素上皮細胞に発現している.胎生期網膜を三次元培養する実験からも Sema4A を欠損した色素上皮細胞をもつ網膜では光刺激に対して視細胞の細胞死が亢進した.従来,セマフォリンはリガンドとして受容体をもつ細胞に結合し細胞内シグナル伝達を惹起する.しかし,光刺激による視細胞の過剰変性はセマフォリン受容体欠損マウスでは観察されず,さらにSema4A-Fcの眼球内注入にて回復しなかった.以上より,Sema4A は受容体を介さない色素上皮細胞内での内因性物質として働くと考えられた.

Ⅳ. Sema4A の作用

1. Sema4A の色素上皮細胞内エンドソーム輸送の制御機構

Sema4A の結合タンパクを酵母 two-hybrid 法

図❸ Sema4A 欠損色素上皮細胞はプロサポシン輸送障害を起こす

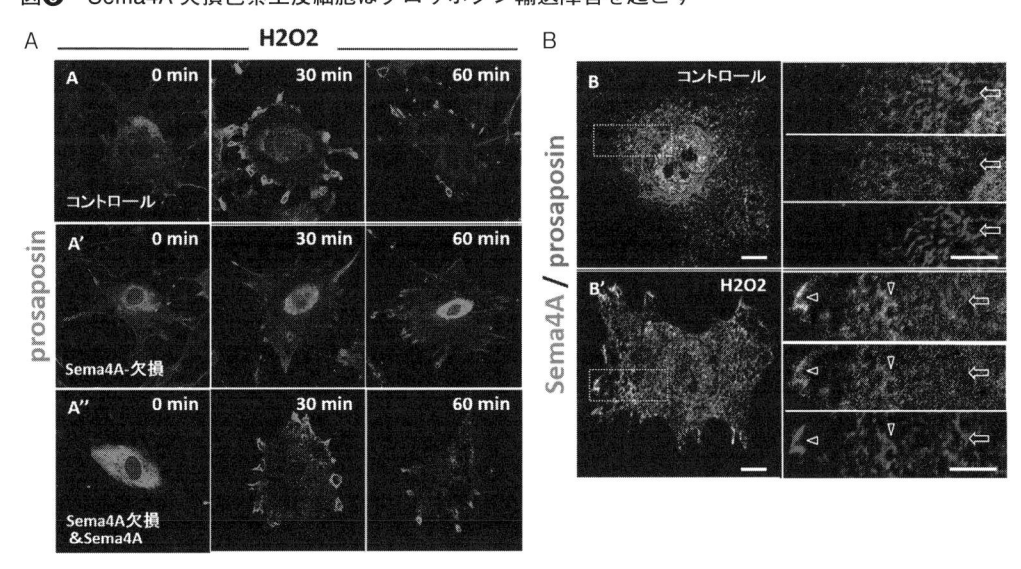

A. Sema4A 欠損色素上皮細胞では H_2O_2 曝露下でプロサポシンの細胞への輸送が著明に促進された.Sema4A の強制発現で回復した.
B. 色素上皮細胞では H_2O_2 曝露下で核周辺部のプロサポシン(矢印)は Sema4A と共局在して細胞膜へ移動する(矢頭).

(グラビア頁参照)

で検索した．その結果，Sema4A がプロサポシンと結合することを発見した．プロサポシンは粗面小胞体で合成後，後期エンドソームによりリソソームへ輸送され，リソソーム内でサポシン C, D に分解されタンパク分解酵素として作用する[10]．一方，一部のプロサポシンはリソソームではなく後期エンドソームから multiple vesicular body を経由してエクソソーム[用解2]内に移動し細胞外へ放出される．放出されたプロサポシンは神経に対して生存因子として作用する[11]．H_2O_2 などの酸化ストレス下で色素上皮細胞内のプロサポシンは細胞外へ放出された．ところが，Sema4A 欠損色素上皮細胞ではこの輸送が抑制され，プロサポシンは核周辺部に集積した（図❸）．

Sema4A のこのような作用が低分子量 G タンパク質 Rab ファミリーの Rab11 によるエンドソーム輸送と協働していた[12]（図❹ A）．

網膜におけるレチノイド代謝を HPLC により分析すると，生後，網膜の発達に一致して 11-cis-retinal の含有量が急激に増加する．しかし，Sema4A 欠損マウスの網膜では 11-cis-retinal は生成されない．健常色素上皮細胞ではレチノイド結合タンパク質 CRALBP，CRBP1 が Sema4A と共局在を示し，しかも外部刺激なしに Sema4A とともに小胞体から細胞表面へ移動することを観察するが，Sema4A 欠損色素上皮細胞では CRALBP，CRBP1 の細胞質内移動は抑制されていた．このように色素上皮細胞内で暗順応時に

図❹ Sema4A は細胞内膜輸送を制御する

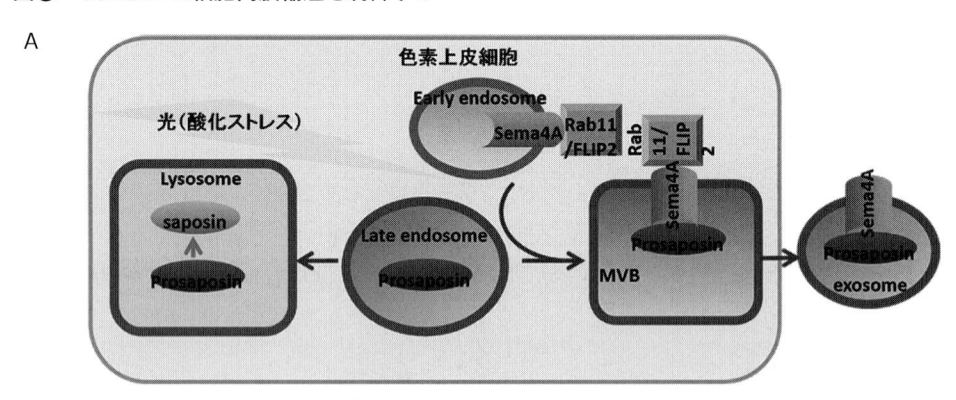

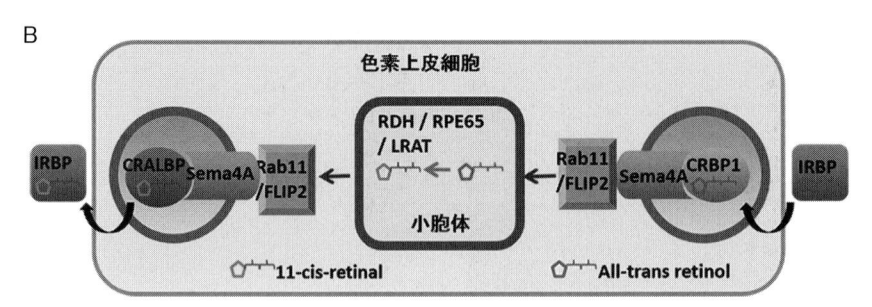

A. 通常の光刺激のない状態では，プロサポシンは後期エンドソームからリソソームへ輸送される．光刺激などの酸化ストレス下では，Sema4A を含有した Rab11 依存性の初期エンドソームと融合し，Sema4A と結合したプロサポシンはエクソソームの形で細胞外へ放出される．
B. visual cycle におけるレチノイドの色素上皮細胞内での輸送は Sema4A と CRBP1 複合体が細胞膜から小胞体膜への輸送を行い，Sema4A と CRALBP の複合体が小胞体膜で再生された 11-cis-retinal の細胞膜表面への輸送を行う．

（グラビア頁参照）

行われるレチノイド再生過程において，レチノイド結合タンパク質の細胞内輸送を Sema4A が制御している（図❹B）。

2. Sema4A の点変異と網膜色素変性症

Sema4A の点変異（D345H，F350C，R713Q）が家族性網膜色素変性症に見出されている[3]。点変異を導入したマウスを作製し網膜の変化を観察すると，F350C を導入したマウス〔Sema4A（F350C）〕は Sema4A 欠損マウスと同様に急激に進行する視細胞の変性・脱落を出生直後より示した。さらに Sema4A（F350C）は細胞表面でなく細胞質内に位置し，酸化ストレス下でのプロサポシンの細胞外放出も抑制されていた。すでに報告されているセマフォリンの分子モデルにおいて F350 は受容体であるプレキシンとの結合面には位置しない。このことは，Sema4A の作用がプレキシンなどの受容体を介する作用とは別に，内因性分子としてエンドソーム輸送制御にかかわる

図❺ Sema4A の遺伝子導入による網膜変性の防御

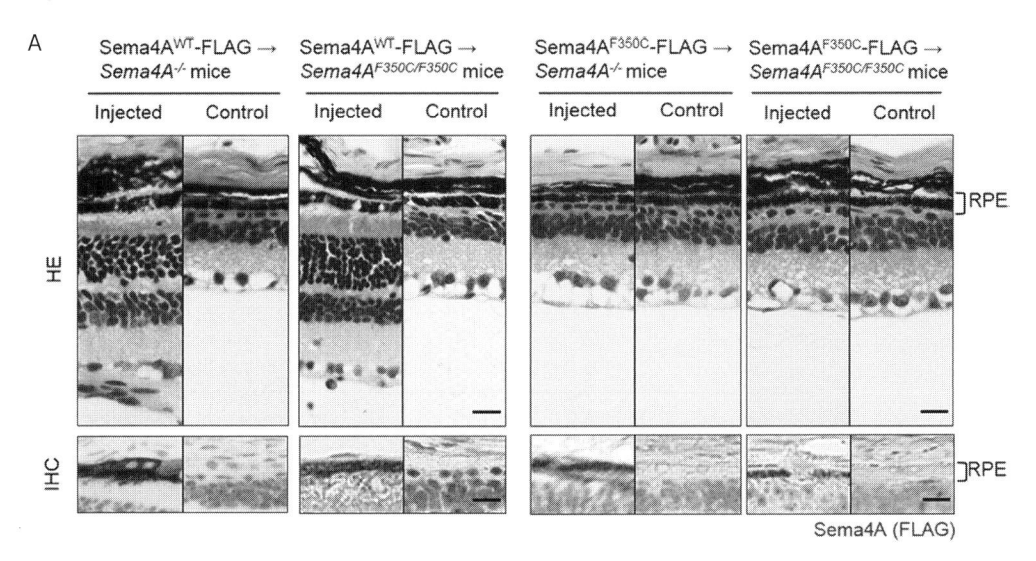

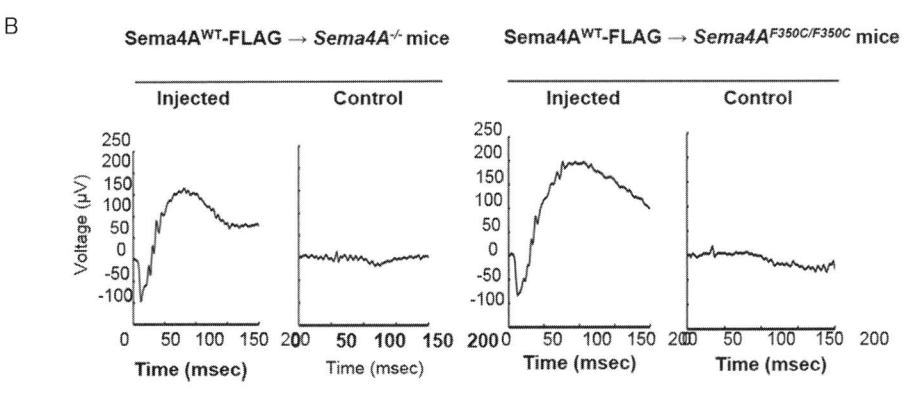

A. 生後1週目のマウス網膜の色素上皮細胞に Sema4A 発現レンチウイルスを片眼に導入し1ヵ月後の網膜の組織所見（HE 染色）。色素上皮細胞に導入された Sema4A（IHC にて茶色）のより視細胞の変性は防がれた。一方，Sema4A（F350C）を導入した網膜では視細胞の変性は防げなかった。

B. 網膜電図で視覚機能を計測した。Sema4A 導入マウスで視覚機能の改善が認められた。

（グラビア頁参照）

モデルを支持するものである。

3. Sema4A の遺伝子導入による視細胞変性の防御

以上の結果より，視細胞の光刺激による細胞死に対する防御機構として色素上皮細胞内 Sema4A の重要性が明らかとなった。そこで，Sema4A 欠損マウスの色素上皮細胞内に Sema4A をレンチウイルスを使用して遺伝子導入を行い，網膜の変化を観察した[5]。Sema4A 欠損マウスに出生 1 週目に片眼に Sema4A を遺伝子導入し，1, 2, 4 ヵ月目に導入網膜と他眼の網膜変化を比較した結果，Sema4A 導入網膜は視細胞の変性が著明に抑制されていた（図❺）。

おわりに

Sema4A 欠損マウスの網膜は視細胞死を生直後より示した。Sema4A が網膜色素上皮細胞内でプロサポシン，レチノイドのエンドソーム輸送を介して視細胞生存を維持する機構が明らかとなった。さらに網膜色素変性症患者に見出された Sema4A の点変異が視細胞死を促進すること，Sema4A の色素上皮細胞内への遺伝子導入による視細胞死の抑制効果を確認したことにより，今後の視細胞死に対する新しい治療法開発がなされると予想される。

用語解説

1. visual cycle：視細胞において光刺激により光感受性レチノイド（11-cis-retinal）から位相転換した all-trans-retinal が細胞外へ放出され色素上皮細胞に取り込まれた後，11-cis-retinal に再生され再び視細胞に供給される回路。

2. エクソソーム：初期エンドソームが融合してできた multi-vesicular body の膜が内腔に出芽（bubbing）した空胞（vesicle）で細胞外へ放出される。放出されたエクソソームは隣接細胞に取り込まれ，含有する RNA，タンパク質，脂質の細胞間移送が行われる。

参考文献

1) Pacione LR, et al : Annu Rev Neurosci 26, 657-700, 2003.
2) Kolodkin AL, Tessier-Lavigne M : Cold Spring Harb Perspect Biol 3(6), 2011.
3) Abid A, et al : J Med Genet 43, 378-381, 2006.
4) Toyofuku T, et al : Genes Dev 26, 816-829, 2012.
5) Nojima S, et al : Nat Commun 4, 1406, 2013.
6) Lamb TD, Pugh EN Jr : Prog Retin Eye Res 23, 307-380, 2004.
7) Organisciak DT, Vaughan DK : Prog Retin Eye Res 29, 113-134, 2010.
8) Kumanogoh A, et al : Nature 419, 629-633, 2002.
9) Toyofuku T, et al : EMBO J 26, 1373-1384, 2007.
10) Sun Y, et al : Mol Genet Metab 76, 271-286, 2002.
11) O'Brien JS, et al : Proc Natl Acad Sci USA 91, 9593-9596, 1994.
12) Prekeris R : ScientificWorldJournal 3, 870-880, 2003.

豊福利彦
1987 年　信州大学医学部大学院卒業
1988 年　シカゴ大学心臓科
1991 年　トロント大学バンチング・ベスト研究所留学
1999 年　大阪大学医学部第一内科助手
2001 年　同循環器内科講師
2006 年　大阪大学微生物病研究所准教授
2008 年　大阪大学免疫学フロンティア研究センター特任准教授

第3章
細胞死研究から創薬に向けてのアプローチ

第3章 細胞死研究から創薬に向けてのアプローチ

1. 細胞死関連のトランスレーショナルメディシンの現状

杭田慶介

　アポトーシスは，生態のホメオスタシスを保つ重要な生理機能として分子レベルでの解析がなされた。その機構を使って臨床応用が試みられている。特に，BCL-2 ファミリー分子阻害剤，Smac の類似ペプチドを使った化合物，デスレセプター分子を活性化する抗体およびリガンド，そして BCL-2 ファミリー分子機構を使ったがんの治療薬に対する感受性を調べる検査，アポトーシスの分子機構の画像診断への応用が主だった領域である。

はじめに

　1980 年代中盤からのアポトーシスの分子機構の解明により，診断・治療への応用が期待された。生態のホメオスタシスは細胞の生と死のバランスにより保たれており，そのバランスが崩れることがいろいろな疾患の原因とも考えられる。そのバランスを正常に近く戻すことが治療につながる可能性がある。アポトーシスの実行因子であるカスパーゼ，ミトコンドリアに関連した内因性アポトーシスを制御する BCL-2 のファミリー分子と Smac，そしてアポトーシスを誘導するデスレセプター分子が，主な治療薬開発の標的分子として注目された。ほぼ同時代に治療薬の開発が始まったキナーゼ阻害剤に比べると，その進歩は遅々たるもので，いままでに認可にいたった治療薬はない（表❶）。一方，カスパーゼの活性を計るアッセイは特にがんの分野で広く臨床応用が行われている。本稿では，治療薬の開発として一番進んでいる BCL-2 ファミリー分子阻害剤の概要，Smac の類似ペプチドを使った新薬の開発，デスレセプター分子を活性化する抗体およびリガンドの応用，そして BCL-2 ファミリー分子機構を使ったがんの治療薬に対する感受性を調べる検査の開発，アポトーシスの分子機構の画像診断への応用を紹介したい。

I．BCL-2 のファミリー分子の阻害剤

　内因性アポトーシスはミトコンドリアの外膜の膜透過性の変化（mitochondrial outer membrane permeabilization：MOMP）により，シトクロム c およびアポトーシスを抑制する分子 inhibitor of apoptosis（IAP）を阻害する Smac 放出により，カスパーゼ経路が活性化される。この膜透過性は

Key Words

アポトーシス，BCL-2 ファミリー分子，Smac，デスレセプター，カスパーゼ，mitochondrial outer membrane permeabilization：MOMP，シトクロム c，BAX，BAK，ABT-737，ABT-263，ABT-199，IAP，BH3 プロファイリング，ApoSense

表❶ 主な治療薬の開発現状

化合物名	メカニズム	開発状況	主な治験
ABT-263	抗アポトーシスBCL-2ファミリー分子の阻害	第1および2相	NCT00788684 NCT01009073 NCT00406809
ABT-199	抗BCL-2阻害剤	第1相	NCT01682616 NCT01594229
LCL161	Smac類似化合物	第1および2相	NCT01240655 NCT01617668
mapatumumab	DR4に対する抗体	第1および2相	NCT01088347 NCT01258608
AMG 951 (rhApo2L/TRAIL)	リコンビナント rhApo2L/TRAIL	第2相	NCT00508625

BCL-2のファミリー分子が制御しており、アポトーシスを抑制する分子群（BCL-2, BCL-X$_L$, MCL-1）およびアポトーシスを促進する分子群（BAX, BAK, BID, BIM, PUMA, BAD, NOXA）のバランスにより、内因性のアポトーシスが誘導されるかどうかが決まる[1,2]。アポトーシスを抑制する分子群と促進する分子群の一部はいくつかのドメイン構造をもち、ミトコンドリアの外膜にアンカーされている。アポトーシスを促進する分子群のうち、いわゆるBH-3 only proteinと呼ばれる分子があり、BAD, NOXAはアポトーシスを抑制する分子群に結合し、それらの分子がBAX, BAKへの作用を阻害する。一方、BID, BIM, PUMA, BAD, NOXAはアポトーシスを抑制する分子群に結合する機能に加えて、直接アポトーシスを促進するBAX, BAKに結合し、それらの分子を活性化する。これらの作用は、BH-3 only proteinがアポトーシスを抑制するBCL-2ファミリー分子のBH-3ドメインに結合し、BAXおよびBAKへの結合に拮抗する、またはアポトーシスを促進する分子BAX, BAKのBH-3ドメインに結合し、それらの分子を重合させ、膜透過性の促進を促し、アポトーシスを誘導することが示されている[3,4]。

これらのBCL-2ファミリー分子の性質および構造解析から、結合に必要なBH-3 only proteinのBH-3ドメインのペプチド配列を利用し、アポトーシスを誘導する化合物の開発が始まった。対象疾患としては、がんが考えられた。例えば、BCL-2, BCL-X$_L$, MCL-1は血液系やある種の固形がんで発現が高いことが報告されている[5-7]。また、アポトーシスを誘導する*BOK*, *BBC*の遺伝子欠損も確認されている[7]。これらの報告は、BCL-2ファミリー分子ががん細胞の生存および維持に重要な役割を担っていることを示唆している。これまでに約15のBCL-2ファミリー分子阻害剤が報告され、いくつかは臨床治験に入っている[2]。これらの化合物は *in silico*（コンピュータ解析）、構造解析を基にしたスクリーニング、分子間の結合を計測するアッセイを使ったスクリーニング（fluorescence polarization）により発見された。多くのものは、BCL-2ファミリー分子への親和性が低く、アポトーシスの誘導能が低かった。さらに、BAX, BAKをノックアウトした細胞を使った実験で、obatoclax, gossypol（AT-101）、ABT-737を比べたところ、ABT-737のみが細胞を殺すことができなかった[8]。特にobatoclaxは、生理的な濃度では単離されたミトコンドリアからシトクロムcの遊離を促すことができなかった[9]。これらの結果は、あるBCL-2ファミリー分子阻害剤の作用機序は必ずしもBCL-2ファミリー分子を介しているとはいえず、治療薬としての役割を果たす可能性はあるが、臨床開発が難しくなる可能性を示唆した

(例えば，後続品が全く違う生理活性を示すなど)。

これらの阻害剤の中で臨床治験が行われているのは，ABT-737の関連分子のABT-263 (navitoclax), AT-101, obatoclax, そしてBCL-2への特異性を高めたABT-199 (RG-7601) である。ABT-737とABT-263はほぼ同等の生理活性をもち，BCL-2とBCL-X_LをBAX, BAKから遊離させることで細胞死を誘導する[10)11)]。前臨床の試験では，血液がんの細胞〔慢性リンパ性白血病 (CLL), 急性骨髄性白血病，急性リンパ性白血病および多発性骨髄腫〕がABT-737に対して高い感受性を示し，その他に肺の小細胞がんも感受性を示した[10)]。がん細胞は低酸素や低栄養，また染色体の異常によるストレスに対処する機構として，BCL-2ファミリー分子への依存性が高まっていると考えられている。ポリプロイド[用解1]や酸性の状況におかれた細胞はABT-737への感受性が高まっているとの報告がある[12)-14)]。さらに，がん遺伝子のいくつかは，その活性がアポトーシスの誘導に働くことが示されており，BCL-2ファミリー分子がそれらの作用に拮抗すると考えられている。例えば，がん遺伝子 MYC の活性はアポトーシスを促進する方向に働き，MYC 遺伝子が増幅したがん細胞ではBCL-2, BCL-X_L, MCL-1の発現が高いことが知られている[15)]。悪性リンフォーマの中にはMYC (t8;14) とBCL-2 (t14;18) の両転座をもつものがあり，さらに BCL-2 もしくは MCL-1 遺伝子の増幅したがんの約2/3はMYC遺伝子が増幅している[7)16)17)]。肺非小細胞がんの細胞でABT-737の感受性に関する遺伝子の発現を調べたところ，がん遺伝子 RAS の活性に相関する結果も報告されている[17)]。また，BCL-2ファミリー分子阻害剤への感受性を高める方法として，ヒストン脱アセチル化阻害剤でBIMの発現を上げる，また遺伝毒性を起こすような薬剤がPUMAの発現を上げることから，これらの薬剤との併用の実験も報告されている[18)19)]。細胞周期をブロックするタキサンで処理された細胞はABT-737への感受性が高まることも示されている[20)]。

ABT-263は，現在第1相と第2相の治験が行われており，いつくかの試験の結果が報告されている。単剤第1相の試験には，55人の再発および治療抵抗性のリンフォーマ患者で，安全性と最大耐用量[用解2]が試された[21)]。毒性としては，重篤な血小板および好中球の減少が半分以上の患者に認められた。この毒性は，ABT-263がBCL-X_Lの機能を阻害する結果と考えられている[22)]。治療効果が判定できた46人の患者のうち，10人に partial response (PR) が認められた。そのうち8人はCLLであった。CLLでの効果は他の治験でも確認され，約30％の患者が治療に反応し，疾患の進行を抑える期間（progression-free survival：PFS）として25ヵ月が報告されている[23)]。これらの結果は，CLLのがん細胞が骨髄もしくはリンパ組織の間質細胞との相互作用により，BCL-2やBCL-X_Lは発現が上がり，アポトーシスに抵抗性になるというデータからも説明できる[8)24)25)]。血球系のがんに対する作用に比べて，ABT-263の固形がんでの効果はあまり期待したほどではなかった[26)]。第2相の肺小細胞がんに対する治験では，39人の患者の中で1人にしかPRが確認できず，PFSも1.5ヵ月という結果に終わった。前臨床の結果からは，肺小細胞がんでの効果が期待されたが，BCL-2ファミリー分子の発現が，がん組織で実験に使った細胞よりも低いといったことが関係しているのではないかと予想された[2)]。

ABT-263の治験で確認された用量規定毒性[用解3]であるBCL-X_Lの阻害が原因の血球減少を回避し，用量を上げて治療効果を高める目的で，BCL-2を特異的に阻害する新しい化合物ABT-199が合成された[27)]。ABT-199は，化合物が結合するBCL-2とBCL-X_Lの疎水性のポケットに存在するアミノ酸の違いを利用して作られた化合物である。ABT-263と同様に，第1相の治験で

約70%のCLL患者がPRを達成した。しかも，ABT-263の治験でみられた血球減少は用量規定毒性とはならず，腫瘍が死ぬことによる副作用（tumor lysis syndrome）が観察された。最近の治験で，約50%の非ホジキンリンパ腫患者がPRを達成したとの報告もある。

これらの結果は，BCL-2ファミリー分子阻害剤が，固形がんよりはCLLや非ホジキンリンパ腫といった血球系のがんに効果が高いことを示している。しかしながら，近年これらの疾患ではPI3Kδ（GS-1101, idelalisib）やBTK（ibrutinib）阻害剤が顕著な効果を示しており，それらの化合物とのコンビネーションが有望であると思われる[2]。

II．Smacを応用した化合物

アポトーシスの刺激により，ミトコンドリアでMOMPが誘導されることで，シトクロムcが細胞質内に放出されるとともにSmacと呼ばれる小さなタンパク分子もミトコンドリアを離れ，アポトーシスの誘導に関与する。SmacはIAPと呼ばれるクラスのタンパク分子に結合し，その機能を阻害する[1]。IAPに分類されるタンパクには，直接カスパーゼの活性を阻害するXIAPと主にE3ユビキチンリガーゼとして働く分子（cIAP1, cIAP2など）に分かれる。Smacは両分子に結合し，IAP分子群の機能を阻害する。逆にIAP分子群は，Smacおよびカスパーゼにユビキチンを付けてプロテオソームでの分解を促進し，アポトーシスを抑制する。これらのバイオロジーを利用し，Smacの活性に必要なペプチド配列（AVPI）をもとに，アポトーシスの誘導を起こす化合物の作製が試みられた。その試作の過程で，同じ構造をシンメトリックにもつ化合物が活性が高いことが明らかになった[28]。これは，IAP分子の機能阻害には，2つのドメイン（BIR2およびBIR3）に結合することが必要であることと関係があると推測されている[29,30]。さらにこれらの化合物は，カスパーゼの阻害を誘導する以外に転写因子であるNFκBの活性を上げることが示された[30,31]。これは，cIAP1およびcIAP2がTNFαレセプターのシグナリング，特にRIPキナーゼタンパクの安定化に関与し，Smac類似の化合物がcIAP1およびcIAP2を阻害することによりRIPキナーゼのユビキチン経由の分解が抑制され，NFκBの活性が維持されることで説明されている。その結果として，TNFα産生が上昇する。このことは，がん細胞のSmac類似の化合物に対する感受性に関係しており，TNFα産生が起きない細胞はSmac類似の化合物に耐性であることが示されている[30,31]。現在，数種類のSmac類似の化合物が臨床で試されている。その中で，ノバルティス社のLCL161の第1相の結果が報告されている。LCL161は用量規定毒性が観察されず，その一方，正常な細胞でのcIAP1の分解が確認され，IL-8やMCP-1といったケモカインの上昇が末梢血で認められた。現在，タキサンとのコンビネーションの第2相の治験が乳がんで行われている[1]。

III．デスレセプターと臨床応用

アポトーシスには内因性の経路の他に，リガンドとレセプターの結合によりカスパーゼが活性化される外因性の経路が知られている。TNFαレセプター，FAS，TRAILレセプター（DR4, DR5）が主なデスレセプターのメンバーである。TNFαの投与は副作用が強く，局所投与もしくは遺伝子治療といった手段で治験が進められている。FASの活性化も実験的に肝障害を起こすことが知られており，局所治療への応用が考えられている[32]。一方，Apo2L/TRAILはがん細胞のみでアポトーシスを誘導することが報告され[33]，現在リガンドもしくはアゴニストとして働く抗体が全身治療薬として開発が続いている。DR4に対する抗体mapatumumabは第2相のセッティングで，非ホジキンリンパ腫および大腸がんでその効果が試験された。しかしながら，40人の

うち3人の非ホジキンリンパ種でしか治療効果が認められなかった[34)35)]。DR5に対する抗体およびApo2L/TRAILそのものを使った治験でも，有意義な治療効果は認められなかった[36)37)]。単剤での効果は期待以下ではあったが，Apo2L/TRAILをタキサンとプラチナムの薬剤およびベバシズマブ（血管新生因子VEGFに対する抗体）との併用では，約60%の肺非小細胞がん患者に効果が認められた[38)]。さらに，mapatumumabとタキサンとプラチナムの薬剤の併用でも，約20%の固形がん患者に効果が認められたことが報告されている[39)]。このことは，これらのデスレセプターのアゴニストは，いわゆる現在がん治療に使われている細胞毒との併用を試していくとともに，単剤に対する耐性のメカニズムを解析し，それに沿った理論的な薬剤併用で治験を進めていかなくてはいけないことを示唆している。

IV. アポトーシスの機構の治療効果や予後の予測への応用

1. BH3 プロファイリング

BH3プロファイリングとは，BCL-2のファミリー分子の阻害剤の項で紹介したBH3-only proteinが抗アポトーシス作用をもつBCL-2やBCL-X_Lを介して，ミトコンドリアの膜電位を制御するメカニズムを応用して，いろいろな治療薬へのがん細胞の感受性を決めるテストである。BH3-only proteinの中からいくつかの分子を選び，BCL-2やBCL-X_Lに結合しその機能を変化させることのできるようなペプチドを作製する。例えば，BCL-2やMCL-1を特異的に結合するものや抗アポトーシスの機能をBCL-2のファミリー分子に非特異的に結合するペプチドを作製することが可能であることが知られている。それらのペプチドを組み合わせ，がん患者から採集した細胞がどのペプチドに反応してミトコンドリアの膜電位を変化させるか蛍光色素を使ったプローブで検査する。それで，各患者のある治療に対する効果と比べることにより，BH3のペプチドに対する反応で治療効果を予測できると考えられる[40)41)]。例えば，17名の多発性骨髄腫の患者の骨髄から採取したサンプルを使った解析では，BMFとPUMA以来のペプチドとの反応性が治療効果と相関した（BIMとBIDのペプチドも試されたが，ほぼすべての患者のサンプルが反応した）[40)]。急性骨髄性白血病のサンプルを使った解析では，この方法で，導入化学療法への成果，寛解後の再発率，そして骨髄移植の必要性を予見できる可能性が示された[41)]。一般的に，臨床で使われるようになるためには，さらにデータを積み重ねていく必要があるが，BCL-2のファミリー分子の阻害剤の開発を含めて，ある治療に特異的に反応する患者を選別するのに役立つことが期待される。血球系のがんへの応用は比較的容易かと思われるが，固形がんのサンプルをどのように処理するかも今後の課題かと思われる。

2. 画像解析への応用

アポトーシスはがん治療の重要な結果と考えられ，例えば化合物が細胞増殖を抑えるとともにアポトーシスを誘導するか否かは，新薬開発の過程でしばしば論議される点である。アポトーシスの有無を実際のがん組織で確かめることは，治療の有効性を確かめる意味，もしくは効果の判定を短期間に行うのに役に立つのではないかと考えられる。放射性同位元素を使ったトレーサーを用いないでアポトーシスを判定する研究も進んでいるが，ここではアポトーシスの分子機構を反映するトレーサーを用いる試みを紹介したい。

画像診断の形態としてはPET（positron emission tomography）となる。アポトーシスを起こした細胞はリン酸化脂質であるphophatidylserineが細胞膜の表面に露出し，それに結合するAnnexin Vを使ったアッセイは前臨床で広くアポトーシスの細胞を検出するのに使われている。しかし，特異性の問題（アポトーシスとネクローシスの区別）およびラベリングの難しさから，ApoSense

といわれるマロン酸と脂溶性のテイルをもった化合物が近年注目されている[42]。[^{18}F]ML-10は安全性を確かめる第1相の試験が終わり，現在第2相のがんの患者を使った治験が行われている[43]。次に，カスパーゼの活性をモニターする方法である。活性化したカスパーゼ，特にCaspase-3の活性中心にあるシステイン残基に共有結合する化合物を使ったもので，[^{18}F]ICMT-11が動物実験から臨床治験に向けて開発中である[44]。3つ目のプローブは，ミトコンドリアが有機カチオンを取り込むことを利用し，[^{18}F]BnTPという化合物がテストされている。この場合，前者と違ってアポトーシスを起こした組織はこのトレーサーの取り込みが落ちることになる。このトレーサーはまだ前臨床段階にいる[45,46]。

おわりに

本稿では，アポトーシスの分子機構を使った新薬開発と治療効果の判定に使う試みを特にがんに絞ってまとめてみた。誌面の関係で省略させていただいた部分も多いかと思われる。詳しくは，本稿を書くのに参考にさせていただいたレビューを参照していただけるとありがたい[1,2,47]。また，他の疾患にもアポトーシスの分子機構が貢献している分野もあるかと思われるが，本稿では割愛させていただいた。

用語解説

1. **ポリプロイド**：がん細胞では染色体の数的な異常が起こる場合が多い。染色体の数が正常よりも多いことを示す用語。
2. **最大耐用量**：抗がん剤第1相治験で用量規定毒性より決められる投与量。毒性が認容できる範囲内で最も高い投与量となる。第2相試験以降の投与量となることが通常である。
3. **用量規定毒性**：抗がん剤第1相治験において，一般的にグレード3以上の非血液学的毒性あるいはグレード4以上の血液学的毒性を指す。当該投与量に伴う毒性が許容範囲内かどうかを判断するために用いられる。この化合物に関して，治験のプロトコールで規定される。

参考文献

1) Varfolomeev E, Vucic D : Future Oncol 7, 633-648, 2011.
2) Juin P, Geneste O, et al : Nat Rev Cancer 13, 455-465, 2013.
3) Letai A, Bassik MC, et al : Cancer Cell 2, 183-192, 2002.
4) Kuwana T, Bouchier-Hayes L, et al : Mol Cell 17, 525-535, 2005.
5) Garzon R, Heaphy CE, et al : Blood 114, 5331-5341, 2009.
6) Aqeilan RI, Calin GA, et al : Cell Death Differ 17, 215-220, 2010.
7) Beroukhim R, Mermel CH, et al : Nature 463, 899-905, 2010.
8) Vogler M, Weber K, et al : Cell Death Differ 16, 1030-1039, 2009.
9) Buron N, Porceddu M, et al : PLoS One 5, e9924, 2010.
10) Oltersdorf T, Elmore SW, et al : Nature 435, 677-681, 2005.
11) Tse C, Shoemaker AR, et al : Cancer Res 68, 3421-3428, 2008.
12) Braun F, Bertin-Ciftci J, et al : PLoS One 6, e23577, 2011.
13) Harrison LR, Micha D, et al : J Clin Invest 121, 1075-1087, 2011.
14) Ryder C, McColl K, et al : J Biol Chem 287, 27863-27875, 2012.
15) Lowe SW, Cepero E, et al : Nature 432, 307-315, 2004.
16) Lee JT, Innes DJ Jr, et al : J Clin Invest 84, 1454-1459, 1989.
17) Singh A, Greninger P, et al : Cancer Cell 15, 489-500, 2009.
18) Yu J, Zhang L : Oncogene 27 Suppl 1, S71-83, 2008.
19) Chen S, Dai Y, et al : Mol Cell Biol 29, 6149-6169, 2009.
20) Barille-Nion S, Bah N, et al : Anticancer Res 32, 4225-4233, 2012.
21) Wilson WH, O'Connor OA, et al : Lancet Oncol 11, 1149-1159, 2010.
22) Zhang H, Nimmer PM, et al : Cell Death Differ 14, 943-951, 2007.
23) Roberts AW, Seymour JF, et al : J Clin Oncol 30, 488-496, 2012.
24) Kurtova AV, Balakrishnan K, et al : Blood 114, 4441-4450, 2009.
25) Davids MS, Deng J, et al : Blood 120, 3501-3509,

2012.
26) Rudin CM, Hann CL, et al : Clin Cancer Res 18, 3163-3169, 2012.
27) Souers AJ, Leverson JD, et al : Nat Med 19, 202-208, 2013.
28) Li L, Thomas RM, et al : Science 305, 1471-1474, 2004.
29) Sun H, Nikolovska-Coleska Z, et al : J Am Chem Soc 129, 15279-15294, 2007.
30) Varfolomeev E, Blankenship JW, et al : Cell 131, 669-681, 2007.
31) Vince JE, Wong WW, et al : Cell 131, 682-693, 2007.
32) Russo M, Mupo A, et al : Biochem Pharmacol 80, 674-682, 2010.
33) Ashkenazi A, Dixit VM, Science 281, 1305-1308, 1998.
34) Trarbach T, Moehler M, et al : Br J Cancer 102, 506-512, 2010.
35) Younes A, Vose JM, et al : Br J Cancer 103, 1783-1787, 2010.
36) Camidge DR, Herbst RS, et al : Clin Cancer Res 16, 1256-1263, 2010.
37) Herbst RS, Eckhardt SG, et al : J Clin Oncol 28, 2839-2846, 2010.
38) Soria JC, Smit E, et al : J Clin Oncol 28, 1527-1533, 2010.
39) Leong S, Cohen RB, et al : J Clin Oncol 27, 4413-4421, 2009.
40) Ni Chonghaile T, Sarosiek KA, et al : Science 334, 1129-1133, 2011.
41) Vo TT, Ryan J, et al : Cell 151, 344-355, 2012.
42) Damianovich M, Ziv I, et al : Eur J Nucl Med Mol Imaging 33, 281-291, 2006.
43) Hoglund J, Shirvan A, et al : J Nucl Med 52, 720-725, 2011.
44) Nguyen QD, Challapalli A, et al : Eur J Cancer 48, 432-440, 2012.
45) Madar I, Ravert H, et al : Eur J Nucl Med Mol Imaging 34, 2057-2065, 2007.
46) Madar I, Huang Y, et al : J Nucl Med 50, 774-780, 2009.
47) Martinez-Lostao L, Marzo I, et al : Biochem Pharmacol 83, 1475-1483, 2012.

杭田慶介
1986 年　広島大学医学部卒業
1990 年　東京大学大学院医学研究科博士課程修了
　　　　東京都臨床医学研究所流動研究員
1993 年　Yale 大学 Howard Hughes Medical Institute 研究員
1995 年　東京都臨床医学研究所主任研究員
1997 年　Vertex Pharmaceutical
2009 年　Takeda Cambridge US

第3章 細胞死研究から創薬に向けてのアプローチ

2. 細胞死制御分子の開発と応用
細胞死のケミカルバイオロジー

閏間孝介・袖岡幹子

近年，低分子化合物をプローブとして生命現象の解明を進める研究が，ケミカルバイオロジーという研究領域として注目されている。ケミカルバイオロジーで開発される化合物は生物学のツールとしてだけではなく，関連する疾患の治療薬としても期待される。われわれは，本分野で細胞死を誘導ないしは抑制する低分子化合物「細胞死制御分子」を開発し，これを用いて細胞死のコントロールおよびその制御機構の解明をめざしている。本稿では，われわれの開発したネクローシス抑制剤 IM-54 を含めいくつかの細胞死制御分子を取り上げ，その開発と応用に関して述べる。

はじめに

近年，低分子化合物をプローブとして生命現象の解明を進める研究が，ケミカルバイオロジーという研究領域として注目されている。われわれは，本分野で細胞死を誘導ないしは抑制する低分子化合物「細胞死制御分子」を開発し，これを用いて細胞死のコントロールおよびその制御機構の解明をめざしている。

生物学において特定のタンパク質の阻害剤が果たす役割は言うまでもないが，細胞死研究においてもこれまでに様々な細胞死抑制剤が開発されており，重要な役割を果たしてきた。また化合物が抑制する細胞死が疾患につながる場合には，その化合物は疾患の治療薬リードとしても有望である。同様に，がん細胞選択的に細胞死を誘導できるような化合物は抗がん剤としての応用が期待される。本稿では，われわれの開発した化合物を含めいくつかの細胞死制御分子を取り上げ，その開発経緯と応用に関して述べる。

I. ネクローシス抑制剤の開発と応用

1. アポトーシスとネクローシス

細胞死が生体で重要な役割を果たすという考え方は，1972年 Kerr らにより「アポトーシス」という現象が見出されたことで広く認識されるようになった[1]。そのシグナル伝達を担う一連のプロテアーゼファミリーとしてカスパーゼが同定されたことにより，アポトーシス制御機構の解明が大きく進展した[2]。一方，細胞膜機能の破綻によって細胞が膨潤した形態を示す細胞死は「ネクローシス」と称され，アポトーシスとは違って何ら制

Key Words

ネクローシス，酸化ストレス，活性酸素，Ras，虚血再灌流傷害，心筋梗塞，抗がん剤，細胞死誘導剤，細胞死抑制剤，IM-54，エラスチン

御されない偶発的に起きる細胞死として研究の対象とされてこなかった。しかしながら，生理的な細胞死誘導因子であるFasリガンドやTNF-αがネクローシス様の細胞死を誘導することが報告され[3)-5)]（後にこの細胞死はネクロプトーシスと命名されることになる），ある種のネクローシスには誘導機構の存在が推定されるようになった[6)7)]。このような背景でわれわれは，酸化ストレスにより誘導されるネクローシスに着目し，それを抑制する低分子化合物IM（indolylmaleimide）誘導体の開発を行ってきた[8)-10)]。われわれと同時期にYuanらはnecrostatin-1（Nec-1）を開発し[11)]，これにより抑制できる細胞死を「ネクロプトーシス」と定義した。その後，ネクロプトーシスの研究は広く展開されており，多くの知見が得られている[12)13)]。一方で，これまでの研究でIM-54は

図❶ IM誘導体の開発

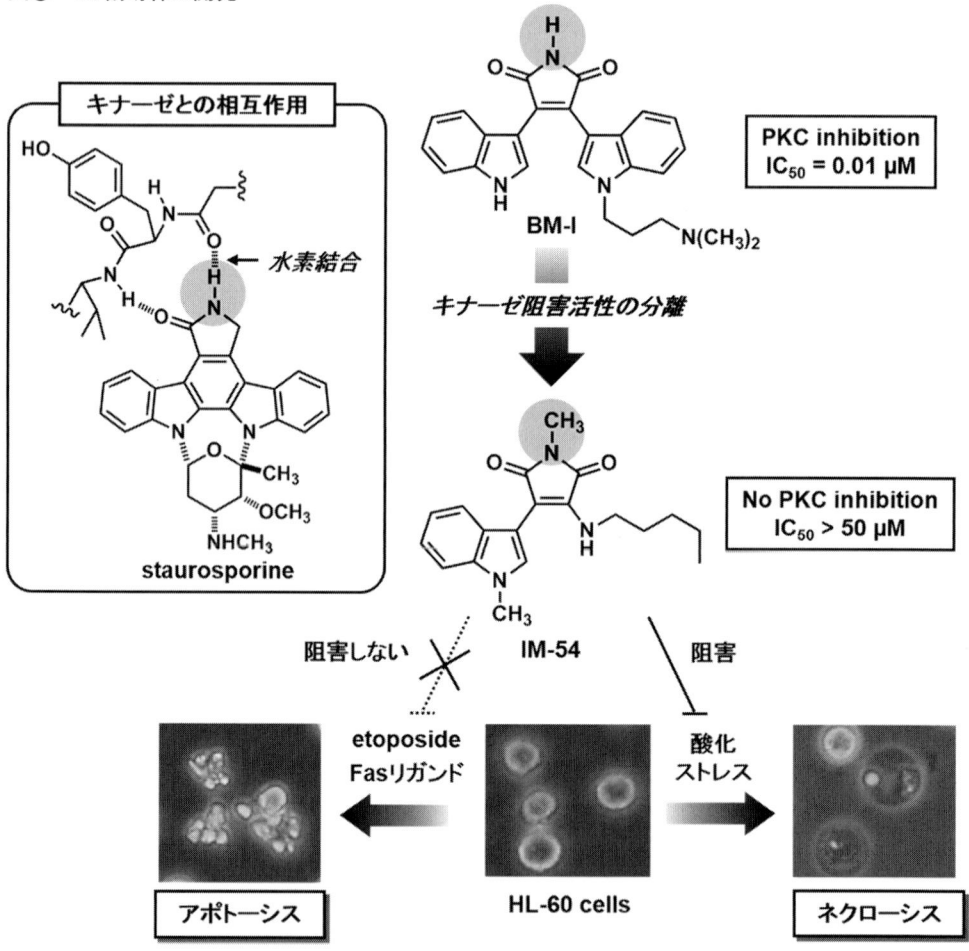

PKC阻害剤として報告されていたBM-Iが，PKC阻害活性とは関係なくネクローシスを阻害するという報告[15)]をもとに，BM-Iからキナーゼ阻害活性を分離したIM誘導体を開発した。構造展開においてはBM-Iの類縁体であるスタウロスポリンが水素結合を介してキナーゼと相互作用していることを参考にして，水素結合のできない誘導体を設計した。得られたIM誘導体（IM-54）はヒト白血病細胞HL-60において過酸化水素などで誘導されるネクローシスを抑制する一方，エトポシドやFasリガンドにより誘導されるアポトーシスは抑制しなかった。

Fasリガンドにより誘導されるネクロプトーシスには抑制効果を示さなかったことから、ネクロプトーシスとは異なるネクローシスをターゲットとしていると考えられる。そこで本節では、Nec-1とは異なるネクローシス抑制剤としてIM-54の開発経緯とその応用に関して述べたい。

2. IM誘導体の開発

本研究の発端となったのは、プロテインキナーゼC（PKC）の阻害剤BM-I[14]が様々な初代培養細胞で酸化ストレスにより誘導されるネクローシスを抑制するという朝海らの発見であった[15]。われわれは、当時制御されないと考えられていたネクローシスが低分子化合物で抑制されるという現象に非常に強い興味をもった。BM-Iのネクローシス抑制メカニズムを明らかにすれば、全く新しい細胞死の仕組みが明らかにできるのではないかと考えた。初期の検討でBM-Iによるネクローシス抑制作用はPKC阻害活性とは相関しないことが示唆された。しかしながら、BM-Iは強いPKC阻害活性を有しているため、これをプローブとして研究を行うのは困難であった。そこでわれわれは、より強力な細胞死抑制活性をもち、かつPKC阻害活性のない誘導体を開発することをめざして研究を開始した（図❶）。

化合物の構造展開の指針を立てるべく、まずわれわれはBM-Iとキナーゼ類の結合様式を推測した。BM-Iの類縁体であり、同様に強いPKC阻害活性を有するスタウロスポリンは、キナーゼのATP結合サイトに2つの水素結合を介して結合していることがX線結晶構造解析により明らかになっていた[16)17]。そこで、この水素結合ができなくなるような構造修飾として、マレイミド環窒素上にメチル基を導入したN-メチルマレイミド誘導体を種々合成し、その活性を調べた。その結果、PKC阻害活性が全くなく、強いネクローシス抑制活性を示す化合物IM-54の開発に成功した[8)9]。IM-54は過酸化水素などの酸化ストレスにより誘導されるネクローシスを抑制する一方で、生理的な細胞死誘導因子であるFasリガンドや抗がん剤のエトポシドなどにより誘導される典型的なアポトーシスには抑制効果を示さなかった。同じ実験系でカスパーゼファミリー全般の阻害剤であるZ-VADはアポトーシスを完全に抑制するものの、ネクローシスは全く抑制しなかった。このことは、IM-54の抑制するネクローシスがカスパーゼファミリーにより制御されるアポトーシスとは全く異なるシステムを介して誘導されていることを示している。また、IM-54が生理的因子や抗がん剤によるアポトーシスを阻害しないことは、生体維持に重要な細胞死を止めないという意味でも重要な知見と考えられる。

3. IM誘導体の作用メカニズム解明と疾患モデルへの応用

次にわれわれはIM誘導体の作用メカニズムを明らかにすべく、蛍光団を導入した誘導体を設計・合成し、その細胞内局在を調べた。その結果、IM誘導体がミトコンドリアに集積することが明らかとなった。さらに、ミトコンドリアでIM誘導体がどのような作用を及ぼしているのかを明らかにすべく、ミトコンドリア機能の指標としてミトコンドリア膜電位と細胞内ATP量を調べた。ネクローシスの進行時には、ミトコンドリア膜電位の低下と細胞内ATP量の減少がみられる。しかしIM誘導体を処理した場合には、いずれの現象も抑制されることが明らかとなった。このことは、IM誘導体がネクローシスに伴うミトコンドリア機能の破綻を抑制していることを示唆している（図❷）。

さらにわれわれはIM-54が抑制するネクローシスと疾患の関連性を調べるために、IM誘導体の効果を疾患モデルで検討することにした。脳梗塞や心筋梗塞などの虚血性疾患において、酸化ストレスの関与するネクローシスが観測されることが知られている[18)-21]。虚血性疾患とは、血栓などにより血管が閉塞し血液が十分に流れないためにその部分の組織が傷害を受けるものだが、一時

図❷　IM 誘導体の作用部位

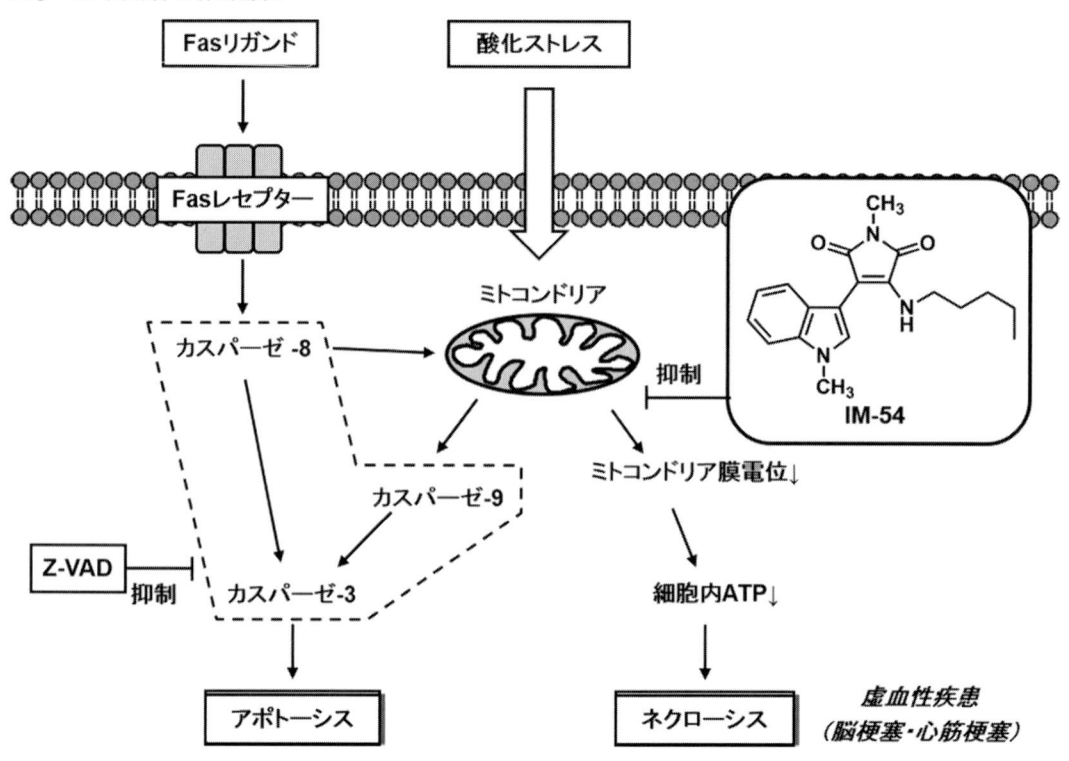

現在，われわれが推定している IM 誘導体の作用部位を示す。IM 誘導体はカスパーゼ経路には全く影響しない形でミトコンドリアに直接作用し，ミトコンドリアの膜電位低下とそれに続く細胞内 ATP の減少を抑えることで，ネクローシスを抑制していると考えられる。また，IM 誘導体は心筋梗塞モデルで保護効果を示すことから，本ネクローシスと虚血性疾患の関連性が推定される。

的な虚血後に血流が再開した（再灌流）時に活性酸素が発生し，それがさらに傷害を誘導するとされている（虚血再灌流傷害）。そこで，ラットの心筋梗塞モデルを用いて IM 誘導体の活性を評価した結果，顕著に組織傷害を抑えることが明らかとなった（未発表データ）[22)23)]。このことから，IM 誘導体が抑制するネクローシスは虚血性疾患に関係することが明らかとなった。この結果は IM 誘導体の治療薬としての可能性を示すのみならず，その作用機序の解明が疾患のメカニズム解明につながることが期待される。現在，IM 誘導体がミトコンドリアのどのような分子に作用しているかを明らかにすべく，その結合タンパク質の同定を進めている。

II. がん原因遺伝子 Ras をターゲットとした細胞死誘導剤

1. がん原因遺伝子としての Ras

Ras はがん細胞の 30％以上で変異がみられ，がん原因遺伝子の 1 つとして知られる低分子量 GTPase である[24)]。その下流では細胞増殖，アポトーシス，血管新生，糖代謝など様々な生命現象に関わる因子が制御されることがわかっており，その恒常的な活性化は発がん・がんの悪性化に関連することがわかっている[25)]。そこで，変異 Ras をもつ細胞をターゲットとした細胞死誘導剤を開発し，これを抗がん剤へと展開する研究がいくつかの研究グループにより進められている[26)-29)]（図

図❸　変異 Ras 選択的な細胞死誘導剤

ヒト正常細胞に Ras 変異体を導入して，がん化した細胞と元の細胞に対する毒性を比較し，変異 Ras をもつ細胞に選択的な細胞死誘導剤が開発されている。

❸)。本節では，その開発経緯と応用に関して述べたい。

2. 変異 Ras 選択的な細胞死誘導剤エラスチン

コロンビア大学の Stockwell らは Hahn らの手法[30]に基づいてヒト線維芽細胞に様々な遺伝子群を段階的に導入し，最後に変異 *Ras* を導入することで悪性がんへと変異した細胞を確立したのちに，これを用いて化合物のスクリーニングを行った。その結果，24000 個の化合物ライブラリーの中からがん原因遺伝子 *Ras*^{G12V} をもつ細胞に特異的に細胞死を誘導する化合物エラスチンを見出すことに成功した[26]。さらに彼らはエラスチンの作用メカニズムに関して詳細な検討を行い[31]，その活性が変異 Ras 依存的であることを

確認した。また，Ras の下流では様々なタンパク質が活性化を受けるが，このうち細胞増殖の促進につながるシグナル伝達経路として RAS-RAF-MEK のリン酸化カスケードの活性化がエラスチンの細胞死誘導に重要であることも明らかにした。実際，様々な細胞株で細胞死誘導活性を検討すると，MEK の基質である ERK1/2 のリン酸化度とエラスチン感受性に相関がみられた。これらの結果は，狙いどおりエラスチンが変異 Ras 選択的に細胞死を誘導できる可能性を示唆している。

3. 鉄依存性の細胞死フェロプトーシス

一方で，本実験系を用いてアポトーシスに特徴的な因子（カスパーゼ3の切断・活性化，

PARP1の切断，シトクロムcの放出）を調べたところ，エラスチンはいずれの変化もみせず，アポトーシスとは異なる細胞死を誘導していることがわかった．さらに様々な細胞死抑制剤の効果を調べたところ，鉄イオンおよびこれにより誘発される酸化ストレスが重要であることがわかった．そこでStockwellらは，このエラスチンにより誘導される細胞死を鉄依存性の細胞死という意味でferroptosis（フェロプトーシス）と命名した[32]．

彼らはこのエラスチンの作用メカニズムを明らかにすべく，化合物を固定化したアフィニティカラムを用いて結合タンパク質の精製を行った．その結果，ミトコンドリア外膜に存在するチャネルタンパク質voltage-dependent anion channel（VDAC）2および3が同定された．shRNAを用いてそれぞれのノックダウン効果を調べたところ，いずれもエラスチンの細胞死誘導効果を抑制した．このことからその結合がどのような効果を及ぼすかは不明であるが，2つのタンパク質がエラスチンのターゲットタンパク質として提唱された[31]．しかしながら最近，細胞膜上でのシスチンの取り込みをエラスチンが阻害することも報告された[32]．シスチンは細胞内に取り込まれると還元されてシステインとなる．システインは細胞内の還元状態を維持するのに必須な分子グルタチオンの生合成に必要であり，その取り込みが阻害されることは間接的に酸化ストレスを誘発することにつながる．残念ながら，このシスチン取り込み阻害に関してはダイレクトな結合タンパク質が同定されておらず，詳細は不明である．しかしながら，エラスチンの細胞死誘導メカニズムとしては，当初提唱されたミトコンドリアを介するものだけではないと考えられる．

4．疾患モデルへの応用

さらに，変異Rasをターゲットとした細胞死誘導剤の疾患モデルへの応用も報告されている．マサチューセッツ工科大のJacksらのグループは同様のスクリーニング系を用い，筋弛緩薬として用いられるlanperisoneが変異Ras選択的な細胞死誘導活性をもつことを見出している[29]．種々の解析からlanperisoneもエラスチンと同様に鉄依存的な酸化ストレスによる細胞死を誘導していることがわかった．さらに，マウスにがん細胞を移植したモデルを用いてlanperisoneの抗がん活性を調べたところ，マウス自体には毒性を示さずに優位にがん組織の重量を低下させることがわかった．このことは変異Rasをターゲットとした抗がん剤開発の有効性を実証する結果といえる．

おわりに

本稿では，細胞死分野でのケミカルバイオロジー研究として，細胞死制御分子の開発から，その作用機序解明をめざした研究，さらにその疾患モデルへの応用までを概説した．ケミカルバイオロジー研究で開発される細胞死制御分子は，「細胞死制御機構の解明」と「疾患の治療薬リード」の2つの方向性で重要な役割を果たすことが期待される．また本稿で取り上げた研究の共通点として，活性酸素と細胞死の関連性が挙げられる．活性酸素は細胞死制御システムでは重要な役者の1つではあるが，自身が低分子化合物でありタンパク質のように生物学的な手法での解析が難しい対象である．すでに多くの低分子蛍光プローブが開発されており，化合物なくしては研究が進められないと言っても過言ではない．したがって今後の細胞死分野で，低分子化合物を操るケミカルバイオロジー研究が大きく貢献する場ではないかとわれわれは考えている．

参考文献

1) Kerr JFR, Wyllie AH, et al : Br J Cancer 26, 239-257, 1972.
2) Ellis HM, Horvitz HR : Cell 44, 817-829, 1986.
3) Laster SM, Gooding LR, et al : J Immunol 141, 2629-2634, 1988.
4) Vercammen D, Vandenabeele P : J Exp Med 188, 919-930, 1998.
5) Matsumura H, Nagata S, et al : J Cell Biol 151, 1247-1256, 2000.
6) Proskuryakov SY, Gabai VL, et al : Exp Cell Res 283, 1-16, 2003.
7) Golstein P, Kroemer G : Trends Biochem Sci 32, 37-43, 2007.
8) Katoh M, Sodeoka M, et al : Bioorg Med Chem Lett 15, 3109-3113, 2005.
9) Dodo K, Sodeoka M, et al : Bioorg Med Chem Lett 15, 3114-3118, 2005.
10) Sodeoka M, Dodo K : Chem Rec 10, 308-314, 2010.
11) Degterev A, Yuan J, et al : Nat Chem Biol 1, 112-119, 2005.
12) Christofferson DE, Yuan J : Curr Opin Cell Biol 22, 263-268, 2010.
13) Galluzzi L, Kroemer G, et al : Int Rev Cell Mol Biol 289, 1-35, 2011.
14) Toullec D, Kirilovsky J, et al : J Biol Chem 266, 15771-15781, 1991.
15) Asakai R, Aoyama Y, et al : Neurosci Res 44, 297-304, 2002.
16) Prade L, Bossemeyer D, et al : Structure 5, 1627-1637, 1997.
17) Johnson LN, De Moliner E, et al : Pharmacol Ther 93, 113-124, 2002.
18) Northington FJ, Ferriero DM, et al : Neurobiol Dis 8, 207-219, 2001.
19) Sanderson TH, Reynolds CA, et al : Mol Neurobiol 47, 9-23, 2013.
20) Takashi E, Ashraf M : J Mol Cell Cardiol 32, 209-224, 2000.
21) Weiss JN, Korge P, et al : Circ Res 93, 292-301, 2003.
22) Katare RG, Sasaguri S, et al : Transplantation 83, 1588-1594, 2007.
23) Katare RG, Sasaguri S, et al : Can J Physiol Pharmacol 85, 979-985, 2007.
24) Vigil D, Der CJ, et al : Nat Rev Cancer 10, 842-857, 2010.
25) Pylayeva-Gupta Y, Bar-Sagi D, et al : Nat Rev Cancer 11, 761-774, 2011.
26) Dolma S, Stockwell BR, et al : Cancer Cell 3, 285-296, 2003.
27) Guo W, Fang B, et al : Cancer Res 68, 7403-7408, 2008.
28) Yang WS, Stockwell BR : Chem Biol 15, 234-245, 2008.
29) Shaw AT, Jacks T, et al : Proc Natl Acad Sci USA 108, 8773-8778, 2011.
30) Hahn WC, Weinberg RA, et al : Nature 400, 464-468, 1999.
31) Yagoda N, Stockwell BR, et al : Nature 447, 864-868, 2007.
32) Dixon SJ, Stockwell BR, et al : Cell 149, 1060-1072, 2012.

閏閏孝介
1999 年 東京大学薬学部薬学科卒業
2001 年 東京大学薬学系研究科修士課程修了
2004 年 東北大学工学研究科博士後期課程修了
理化学研究所基礎科学特別研究員
2007 年 東京大学分子細胞生物学研究所助教
2008 年 理化学研究所研究員
ERATO 袖岡生細胞分子化学プロジェクトグループリーダー（兼務）

細胞死分野を中心にユニークな低分子生物活性化合物の開発とその作用機序解明を進める。作用機序解明に必要な新しい解析手法の開発も行っている。

第 ③ 章　細胞死研究から創薬に向けてのアプローチ

3. HDAC/Sirtuin 阻害剤・活性化剤と疾患治療

中川　崇

　ヒストン脱アセチル化酵素（histone deacetylase：HDAC）は，アセチル化されたリジン残基を脱アセチル化する酵素であり，ヒストンに限らず様々なタンパク質を基質とする。HDAC は 4 つのクラスからなり，そのうち NAD 依存性の Class Ⅲ は sirtuin と呼ばれる。HDAC/sirtuin はがんや神経変性疾患，肥満・糖尿病など様々な疾患に関与していることが知られており，治療標的としてこれら分子の阻害剤・活性化剤の研究・開発が活発に行われている。本稿では，HDAC/sirtuin 阻害剤・活性化剤の国内外における研究・開発の現状と，その作用メカニズムにおける細胞死との関連について概説する。

はじめに

　ヒストンの脱アセチル化は転写抑制の hallmark であり，ヒストン脱アセチル化酵素により制御されている。また，ヒストン脱アセチル化酵素はヒストンだけでなく様々なタンパク質を基質とし，それらを脱アセチル化することで様々な分子機能の制御を行っている。ヒストン脱アセチル化酵素はその酵素学的・系統学的な特徴から 4 つのクラスに分類されており，Class Ⅰ，Ⅱ，Ⅳ は Zn 依存性アミド加水分解酵素，Class Ⅲ は NAD 依存性アセチル基転移酵素の活性をもっており，それぞれが異なった反応形式で基質の脱アセチル化を行う。慣例的に前者がヒストン脱アセチル化酵素 HDAC（histone deacetylase），後者が NAD 依存性脱アセチル化酵素 sirtuin と呼ばれている。HDAC，sirtuin ともに，がんや神経変性疾患，肥満・糖尿病など様々な疾患に関与していることが知られており，治療標的としてこれら分子の阻害剤・活性化剤の研究・開発が活発に行われている。本稿では，HDAC/sirtuin 阻害剤・活性化剤の国内外における研究・開発の現状と，その作用メカニズムにおける細胞死との関連について概説する。

Ⅰ. HDAC 阻害剤と疾患治療

　HDAC には 3 つのクラスに，HDAC1 〜 11 の 11 種類のアイソフォームをもつことが知られている[1]。Class Ⅰ である HDAC1, 2, 3, 8 は酵母 RPD3，Class Ⅱ の HDAC4, 5, 6, 7, 9, 10 は酵母 Hda1 のホモログであり，HDAC11 は両者の特徴を併せもつ唯一の Class Ⅳ HDAC で

Key Words

ヒストン脱アセチル化酵素，HDAC，sirtuin，HDAC 阻害剤，sirtuin 活性化剤，がん，肥満，糖尿病，細胞死

ある。HDACはそのほとんどが核もしくは細胞質に存在し，ヒストンだけでなく多くのタンパク質を基質として，そのアセチル化されたリジン残基を脱アセチル化する。そのため，HDACは多くの疾患と関わりをもつが，その中でも特にがんとの関係について多くの研究がなされてきた。例えば，HDAC1, 2は胃がんや前立腺がんにおいて過剰発現していることが知られている。またHDAC1, 2, 6はdiffuse large B-cell lymphomaやperipheral T-cell lymphomaなどにおいて，その発現が上昇している。さらにHDAC1, 2は乳がんや卵巣がんにおいて過剰発現し，エストロゲン受容体シグナルの活性に異常をもたらすことが知られている[1]。このように，多くのがんにおいてHDACの過剰発現もしくは異常な活性化がみられることから，抗がん剤としてのHDAC阻害剤の開発が進められてきた（**表❶**）。

現在HDAC阻害剤としては，①バルプロ酸や酪酸ナトリウムをはじめとする短鎖脂肪酸，②トリコスタチンA（TSA）を代表とするヒドロキサム酸系化合物，さらに③mocetinostatを代表とするベンズアミド系化合物，④romidepsinを代表とする環状テトラペプチドの4つのクラスの開発・臨床試験がそれぞれ進んでおり，一部に関してはすでに国内外で承認され，実際の治療薬として使用されている[2]。バルプロ酸は古くから抗てんかん薬として使用されていたが，HDAC1に対してHDAC阻害活性を示すことがわかり，レチノイン酸などと組み合わせて骨髄異形成症候群や急性骨髄性白血病に対する臨床試験が行われている。また，TSAやsuberoylanilide hydroxamic acid（SAHA）などのヒドロキサム酸系化合物は，現在最も開発が進んでいるHDAC阻害剤である。TSAは天然化合物として初めて発見されたHDAC阻害剤であり，多くの研究によりTSAは正常細胞には細胞周期の停止を引き起こすのに対し，腫瘍細胞に対してはアポトーシスを誘導することがわかっている。腫瘍細胞に細胞死を引き起こすメカニズムとしては，主に転写を介してFasやTNF受容体，TRAIL受容体のDR-4やDR-5などの細胞死レセプター系のシグナル分子の発現増加・活性化を引き起こすことが知られている。またミトコンドリアを介した細胞死シグナルについても，転写を介してpro-apoptoticなBcl-2ファミリー分子であるBax, Bak, Pumaなどの分子を増加させるのに対し，anti-apoptoticなBcl-2, Bcl-XL, Mcl-1などを低下させることがわかっている。SAHAはvorinostat（商品名Zolinza®）とも呼ばれ，皮膚T細胞リンパ腫に対して抗腫瘍効果がみられ，現在米国，ヨーロッパ，日本の各国で承認を受け，実際の臨床現場で使用されている。また，乳がんや多発性骨髄腫，骨髄異形成症候群や急性骨髄性白血病においても現在臨床試験が行われており，一部では良好な成績が得られている。SAHAはTSA同様，腫瘍細胞に優先的にアポトーシスを誘導し，抗がん作用を示す。またp21の発現上昇，cyclin D1の発現低下を通して，G2/Mでの細胞周期停止を引き起こす。現在，SAHAの様々な誘導体が開発され，主に血液系の腫瘍に対して臨床試験が行われている。また，環状テトラペプチド系HDAC阻害剤であるromidepsin（商品名

表❶ HDAC阻害剤

		対象	臨床治験
①短鎖脂肪酸	Valporic acid	骨髄異形成症候群	Phase II
②ヒドロキサム酸	Vorinostat Panobinostat	皮膚T細胞リンパ腫，多発性骨髄腫 慢性骨髄性白血病	Phase III Phase II / III
③ベンズアミド	Mocetinostat Entinostat	急性骨髄性白血病，骨髄異形成症候群 ホジキン病	Phase I / II Phase II
④環状テトラペプチド	Ramidepsin	皮膚T細胞リンパ腫，多発性骨髄腫	Phase II / III

Istodax®) は varinostat 同様，皮膚 T 細胞リンパ腫に対し 2009 年に米国で承認を受け，現在多発性骨髄腫などに対する臨床試験が進行中である。このように，HDAC 阻害剤は，主にアポトーシスの誘導や細胞周期の停止，細胞分化の誘導を介して抗がん作用を示しており，リンパ腫や血液系腫瘍だけでなく，今後固形腫瘍にも適応を広げていくと考えられる。

II．Sirtuin 活性化剤と疾患治療

sirtuin は脱アセチル化反応に NAD を必要とするユニークな酵素であり，酵母ホモログである *Sir2* が寿命を制御する遺伝子として見つかった経緯もあり，老化関連分子としても注目を浴びている。哺乳類 sirtuin には SIRT1 〜 7 の 7 つのアイソフォームが存在しており，特に酵母 *Sir2* のカウンターパートである SIRT1 が最もよく研究されている。

アルツハイマー病やハンチントン病のモデルマウスにおいて，SIRT1 の過剰発現がこれら病勢の進行を抑止することが知られており，また SIRT1 の過剰発現マウスでは，寿命の延長こそみられないものの，老化に伴う耐糖能異常や様々な代謝異常が改善されることが報告されている。また潰瘍性大腸炎などの炎症性疾患，大腸がんなど様々な老化関連疾患に対して，SIRT1 の活性化が発症の抑制に効果があることがわかっている[3]。そのことから，主に代謝性疾患，炎症性疾患の治療をめざした sirtuin の活性化剤の研究が現在まで盛んに行われている。

レスベラトロールは赤ワインなどに含まれるポリフェノールの一種であり，抗酸化作用をもつことが以前から知られていたが，2003 年に Sinclair のグループが蛍光基質を用いたスクリーニングで，レスベラトロールが強い SIRT1/Sir2 活性化作用をもつことを発見し，一気に注目を浴びることとなった[4]。酵母などの下等生物では *Sir2* の過剰発現が寿命延長効果をもたらすことが報告

表❷ Sirtuin 阻害剤と活性化剤

阻害剤	活性化剤
Nicotinamide	Resveratrol
Sirtinol	SRT501
Ex527	SRT1720
Suramin	SRT2104
cambinol	SRT2379

れていたが，レスベラトロールの投与でも同様に寿命延長効果があることがわかった。その後，高等生物であるマウスにおいても，高脂肪食投与による肥満モデルにおいて，レスベラトロールを同時に投与すると，寿命の延長こそみられないものの，肥満の抑制や耐糖能の改善がみられることがわかった。しかしながら，通常食を投与したマウスでは特に大きな変化がみられなかった。また同様のスクリーニング手法を用いて，レスベラトロールの約 1000 倍の活性のある新しいクラスの sirtuin 活性化剤である SRT1720 や SRT2104 が発見された（表❷）。これらは，レスベラトロールと同様に高脂肪食誘導性肥満マウスモデルで，耐糖能の改善など様々な代謝機能の改善がみられた。これら SIRT1 活性化剤の作用機序は，主に転写コファクターである PGC1α の脱アセチル化を介し，それらを活性化することでミトコンドリア新生を促進し，活性酸素の発生を抑えることで様々なストレスに対し対抗していると考えられた。しかしながら，レスベラトロールの SIRT1 活性化作用が，スクリーニングに用いられた蛍光基質への *in vitro* でのアーチファクトによるものではないかとの疑問が報告された。さらにレスベラトロールは AMP キナーゼ（AMPK）の活性化も引き起こし，AMPK の下流で NAD の増加を引き起こし，SIRT1 の二次的な活性化から PGC1α の脱アセチル化を引き起こす経路が存在するとの報告がなされた。つまり，*in vivo* でのレスベラトロールの作用は，SIRT1 の間接的な活性化によるものであると考えられ，やや混沌とした状況となった。これに対し 2013 年に Sinclair らは新たな手法を用いて，再びレス

ベラトロールなどのSIRT1活性化剤は直接的にSIRT1を活性化することを示した。その報告では，SIRT1の酵素活性ドメインから外れたN末側にある230番目のグルタミン酸が，これら活性化剤が作用するのに必須のアミノ酸であり，実際このグルタミンをリジンに置換した変異SIRT1では，その酵素活性は通常どおり保たれているものの，SIRT1活性化剤による酵素活性の上昇はみられなかった。このことから，レスベラトロールをはじめとするSIRT1活性化剤は直接的に活性化作用をもつことを示した[5]。

現在のところ，*in vitro* での活性化についてはまだはっきりとした決着はついていないものの，*in vivo* では直接的・間接的いずれにせよSIRT1-PGC1α経路により様々な代謝性疾患に対する作用をもっていると考えられる。また，レスベラトロール自体は天然化合物でありサプリメントとしても普通に市販されていることから，健常人や肥満者を対象とした様々な臨床試験が現在までに行われている。例えば，肥満者を対象としたレスベラトロールの経口投与による臨床試験では，投与によりSIRT1，PGC1αの活性化がみられ，空腹時血糖やインスリン値の改善がみられた[4]。しかしながら，耐糖能異常のない健常人を対象とした臨床試験では，特に代謝機能の変化はみられなかった[6]。このことから，マウスでの実験結果同様，ヒトにおいても健常人では効果はないが，肥満者では様々な代謝機能の改善があると考えられた。また，SRT2104に関しては現在，2型糖尿病などの代謝性疾患，潰瘍性大腸炎などの炎症性疾患に対するPhase IIの臨床治験が進行中である。

おわりに

HDAC阻害剤はその発見から約20年以上が経ち，すでにその一部は実際の臨床現場で使われている。HDAC阻害剤の開発は「エピジェネティック創薬」の先駆けであり，単一のシグナル経路だけでなく，より源流において多数経路を一度にコントロールできる新しい概念の医薬品である。現在，アセチル化だけでなく，ヒストンやDNAのメチル化も発がんに関与していることが明らかとなり，これらメチル化・脱メチル化酵素の特異的阻害剤・活性化剤の開発も熱を帯びてきている。また，レスベラトロールやSRT2104などのsirtuinの活性化剤についても，*in vitro* での作用機序はまだ混沌とした状況ではあるが，*in vivo* では少なくともマウスレベルでの効果は確認されており，またsirtuinが様々な老化関連疾患に関与していることは多くの研究から示されていることから，今後新しいクラスのsirtuin活性化剤の開発など，さらなる進展が期待される。

参考文献

1) Yang XJ, Seto E : Nat Rev Mol Cell Biol 9, 206-218, 2008.
2) Giannini G, Cabri W, et al : Future Med Chem 4, 1439-1460, 2012.
3) Hall JA, Dominy JE, et al : J Clin Invest 123, 973-979, 2013.
4) Timmers S, Auwerx J, et al : Aging (Albany NY) 4, 146-158, 2012.
5) Hubbard BP, Gomes AP, et al : Science 339, 1216-1219, 2013.
6) Yoshino J, Conte C, et al : Cell Metab 16, 658-664, 2012.

中川　崇
1999年　大阪大学医学部卒業
　　　　大阪大学医学部付属病院，住友病院での臨床医を経て基礎研究の道へと入る
2011年　富山大学先端ライフサイエンス拠点特命助教

質量分析によるメタボロミクスや遺伝子改変マウスを用いて，固体レベルでの代謝と老化の関連について研究を行っている。

索引

キーワード INDEX

● ギリシャ文字
α 細胞 ･････････････････････ 58

● A
ABT-199 ･････････････････ 65, 80
ABT-263 ･････････････････ 65, 80
ABT-737 ･････････････ 54, 65, 79
AIF ･･･････････････････････ 22
ALS ･･････････････････････ 44
ApoSense ･････････････････ 82
Atg5 ･････････････････････ 39
ATG5 ･･･････････････････ 22
Atg5 依存的オートファジー ･･･ 35
Atg5 非依存的オートファジー ･･･ 35
ATG6 ･･･････････････････ 22

● B
BAK ･････････････････････ 79
Bak ･･････････････････ 34, 63
BAX ･････････････････････ 79
Bax ･･････････････････ 34, 63
Bax/Bak ･･････････････････ 34
Bcl-2 ･････････････････ 52, 63
BCL-2 ファミリー分子 ･･･････ 78
Bcl-xL ････････････････････ 53
Beclin1 ･･･････････････････ 39
BH3 プロファイリング ･･･････ 82

● C
Ca^{2+} ･････････････････････ 40
Caspase-1 ････････････････ 23
Caspase-3 ････････････････ 21
caspase-8 ････････････････ 26
cyclophilin D（CypD）･････ 22, 41

● D
DNase II ･･････････････････ 40
Drp1 ････････････････････ 29

● H
HDAC ････････････････････ 92
HDAC 阻害剤 ･･･････････････ 92

● I
IAP ･･････････････････････ 81
IM-54 ････････････････････ 86
inflamasome ･･･････････････ 60

● J
JNK ･････････････････････ 35

● M
Mcl-1 ････････････････････ 53

mitohondrial outer membrane permeabilization：MOMP ････ 78
MLKL ････････････････････ 29
MPT ･････････････････････ 41

● N
Navitoclax ････････････････ 65
necrostatin-1（Nec-1）･････････ 25
necrosulfonamide（NSA）････････ 29

● P
PARP1 ･･･････････････････ 23
PGAM5 ･･･････････････････ 29
PLA2 ････････････････････ 22

● R
Ras ･････････････････････ 88
RIP ･････････････････････ 41
RIP1 ･････････････････ 22, 25
RIP3 ･････････････････ 22, 28

● S
sirtuin ････････････････････ 92
sirtuin 活性化剤 ･･･････････ 94
Smac ････････････････････ 78
SOD1 ･･･････････････････ 46
Stat3 ････････････････････ 23

● T
TLR9 ････････････････････ 40
TNF ･････････････････････ 25
type II 細胞死 ･･･････････････ 34

● あ
アポトーシス ･･ 18, 25, 32, 59, 63, 78

● え
エラスチン ････････････････ 89

● お
オートファゴソーム ････････ 33
オートファジー ･･････ 22, 26, 38, 59
オートファジー細胞死 ････････ 32
オリゴマー ････････････････ 46

● か
隔離膜 ･･･････････････････ 33
カスパーゼ ････････････････ 78
活性酸素 ･････････････････ 88
活性酸素種（ROS）･･････････ 26
カテプシン B ･･････････････ 23
がん ････････････････････ 92
肝炎 ････････････････････ 55

肝がん ･･･････････････････ 54

● き
虚血再灌流傷害 ･･････････ 38, 88

● こ
抗がん剤 ･････････････････ 87

● さ
細胞死 ･･･････････････ 64, 92
細胞死誘導剤 ･･････････････ 88
細胞死抑制剤 ･･････････････ 85
酸化ストレス ･･････････････ 86

● し
色素上皮細胞 ･･････････････ 70
視細胞 ･･･････････････････ 70
シトクロム c ･･･････････････ 78
心筋梗塞 ･････････････････ 87
神経変性疾患 ･･････････････ 44
心不全 ･･･････････････････ 38

● す
膵 β 細胞 ･････････････････ 58
ストレス応答 ･･････････････ 59

● せ
セマフォリン ･･････････････ 70

● た
脱分化 ･･･････････････････ 61

● て
デスレセプター ･･････････ 26, 78

● と
糖尿病 ･･･････････････････ 92

● ね
ネクローシス ････････ 21, 25, 59, 85
ネクロソーム（complex II b）････ 28
ネクロプトーシス（プログラムネクローシス）･････････ 22, 26

● ひ
非アポトーシス細胞死 ･･･････ 32
ヒストン脱アセチル化酵素 ････ 92
肥満 ････････････････････ 92

● ふ
プログラム細胞死 ･･･････ 19, 25

98

●み
ミスフォールド･･･････････････ 44
ミトコンドリア･･･････････ 29, 53

●も
網膜色素変性症 ･･･････････････ 70

●り
リモデリング ･･･････････････ 38

遺伝子医学別冊　好評発売中

遺伝子医学の入門書
これだけは知っておきたい遺伝子医学の基礎知識

監修：本庶　佑（京都大学大学院医学研究科教授）
編集：有井滋樹・武田俊一・平井久丸・三木哲郎
定価：3,990円（本体3,800円＋税）、320頁、B5判

生物医学研究・先進医療のための最先端テクノロジー
ドラッグデリバリーシステム DDS技術の新たな展開とその活用法

編集：田畑泰彦（京都大学再生医科学研究所教授）
定価：4,200円（本体4,000円＋税）、308頁、B5判

分子生物学実験シリーズ　残り僅か
図・写真で観る発生・再生実験マニュアル

編集：安田國雄（奈良先端科学技術大学院大学副学長）
定価：3,990円（本体3,800円＋税）、216頁、A4変型判

お求めは医学書販売店、大学生協もしくは弊社購読係まで

発行／直接のご注文は
株式会社 メディカルドゥ

〒550-0004
大阪市西区靱本町1-6-6　大阪華東ビル5F
TEL.06-6441-2231　FAX.06-6441-3227
E-mail　home@medicaldo.co.jp
URL　http://www.medicaldo.co.jp

遺伝子医学 MOOK 別冊

進みつづける細胞移植治療の実際 -再生医療の実現に向けた科学・技術と周辺要素の理解-

《上巻》 細胞移植治療に用いる細胞とその周辺科学・技術
《下巻》 細胞移植治療の現状とその周辺環境

編 集：田畑泰彦
(京都大学再生医科学研究所教授)
定 価：各5,400円（本体5,143円＋税）
型・頁：B5判
　　　　上巻 268頁、下巻 288頁

ますます重要になる
細胞周辺環境（細胞ニッチ）の最新科学技術

細胞の生存，増殖，機能のコントロールから
創薬研究，再生医療まで

編 集：田畑泰彦
(京都大学再生医科学研究所教授)
定 価：5,850円（本体5,571円＋税）
型・頁：A4変型判、376頁

絵で見てわかるナノDDS

マテリアルから見た治療・診断・予後・予防，
ヘルスケア技術の最先端

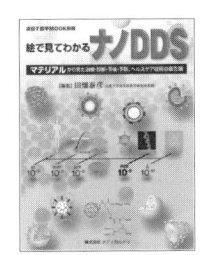

編 集：田畑泰彦
(京都大学再生医科学研究所教授)
定 価：5,600円（本体5,333円＋税）
型・頁：A4変型判、252頁

バイオ・創薬・化粧品・食品開発をサポートする
バイオ・創薬 アウトソーシング
企業ガイド 2006-07年版

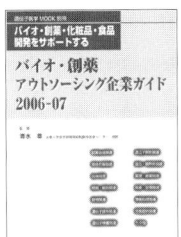

監 修：清水　章
(京都大学医学部附属病院
探索医療センター教授)
定 価：3,700円（本体3,524円＋税）
型・頁：A5判、344頁

図・写真で観る
タンパク構造・機能解析実験実践ガイド

編 集：月原冨武
(大阪大学蛋白質研究所教授)
　　　　新延道夫
(大阪大学蛋白質研究所助教授)
定 価：4,500円（本体4,286円＋税）
型・頁：A4変型判、224頁

お求めは医学書販売店、大学生協もしくは弊社購読係まで

発行／直接のご注文は
株式会社 メディカルドゥ

〒550-0004
大阪市西区靱本町 1-6-6　大阪華東ビル 5F
TEL.06-6441-2231　FAX.06-6441-3227
E-mail　home@medicaldo.co.jp
URL　http://www.medicaldo.co.jp

遺伝子医学 MOOK 別冊

最新創薬インフォマティクス活用マニュアル

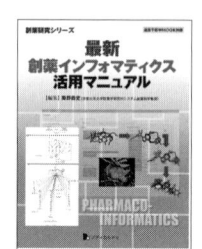

編　集：奥野恭史
　　　　（京都大学大学院薬学研究科教授）
定　価：4,500円（本体 4,286円＋税）
型・頁：A4変型判、168頁

遺伝カウンセリングハンドブック

編　集：福嶋義光
　　　　（信州大学医学部教授）
編集協力：山内泰子・安藤記子・
　　　　　四元淳子・河村理恵
定　価：7,800円（本体 7,429円＋税）
型・頁：B5判、440頁

ペプチド・タンパク性医薬品の新規DDS製剤の開発と応用

編　集：山本　昌
　　　　（京都薬科大学教授）
定　価：5,600円（本体 5,333円＋税）
型・頁：B5判、288頁

はじめての臨床応用研究
本邦初!! よくわかるアカデミアのための臨床応用研究実施マニュアル

編　集：川上浩司
　　　　（京都大学大学院医学研究科教授）
定　価：3,300円（本体 3,143円＋税）
型・頁：B5判、156頁

創薬技術の革新：マイクロドーズからPET分子イメージングへの新展開

編　集：杉山雄一
　　　　（東京大学大学院薬学系研究科教授）
　　　　山下伸二
　　　　（摂南大学薬学部教授）
　　　　栗原千絵子
　　　　（放射線医学総合研究所分子イメージング研究センター主任研究員）
定　価：5,600円（本体 5,333円＋税）
型・頁：B5判、252頁

薬物の消化管吸収予測研究の最前線

編　集：杉山雄一
　　　　（東京大学大学院薬学系研究科教授）
　　　　山下伸二
　　　　（摂南大学薬学部教授）
　　　　森下真莉子
　　　　（星薬科大学准教授）
定　価：3,150円（本体 3,000円＋税）
型・頁：B5判、140頁

お求めは医学書販売店、大学生協もしくは弊社購読係まで

発行／直接のご注文は

株式会社 メディカルドゥ

〒550-0004
大阪市西区靱本町 1-6-6　大阪華東ビル 5F
TEL.06-6441-2231　FAX.06-6441-3227
E-mail　home@medicaldo.co.jp
URL　http://www.medicaldo.co.jp

トランスレーショナルリサーチを支援する　※1, 3, 7, 8号は在庫がございません

遺伝子医学 MOOK
Gene & Medicine

10号
DNAチップ/マイクロアレイ臨床応用の実際
- 基礎, 最新技術, 臨床・創薬研究応用への実際から今後の展開・問題点まで -

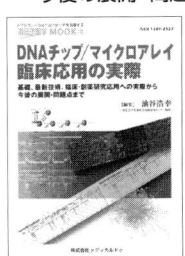

編 集：油谷浩幸
　　　　（東京大学先端科学技術研究センター教授）
定 価：6,100円（本体 5,810円＋税）
型・頁：B5判、408頁

9号
ますます広がる 分子イメージング技術
生物医学研究から創薬, 先端医療までを支える
分子イメージング技術・DDSとの技術融合

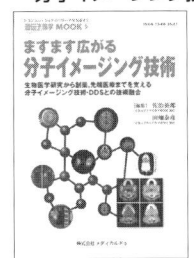

編 集：佐治英郎
　　　　（京都大学大学院薬学研究科教授）
　　　　田畑泰彦
　　　　（京都大学再生医科学研究所教授）
定 価：5,600円（本体 5,333円＋税）
型・頁：B5判、328頁

6号
シグナル伝達病を知る
- その分子機序解明から新たな治療戦略まで -

編 集：菅村和夫
　　　　（東北大学大学院医学系研究科教授）
　　　　佐竹正延
　　　　（東北大学加齢医学研究所教授）
編集協力：田中伸幸
　　　　（宮城県立がんセンター研究所部長）
定 価：5,250円（本体 5,000円＋税）
型・頁：B5判、328頁

5号
先端生物医学研究・医療のための遺伝子導入テクノロジー
ウイルスを用いない遺伝子導入法の材料, 技術, 方法論の新たな展開

編 集：原島秀吉
　　　　（北海道大学大学院薬学研究科教授）
　　　　田畑泰彦
　　　　（京都大学再生医科学研究所教授）
定 価：5,250円（本体 5,000円＋税）
型・頁：B5判、268頁

4号
RNAと創薬

編 集：中村義一
　　　　（東京大学医科学研究所教授）
定 価：5,250円（本体 5,000円＋税）
型・頁：B5判、236頁

2号
疾患プロテオミクスの最前線
- プロテオミクスで病気を治せるか -

編 集：戸田年総
　　　　（東京都老人総合研究所グループリーダー）
　　　　荒木令江
　　　　（熊本大学大学院医学薬学研究部）
定 価：6,000円（本体 5,714円＋税）
型・頁：B5判、404頁

お求めは医学書販売店、大学生協もしくは弊社購読係まで

発行／直接のご注文は
株式会社 メディカルドゥ

〒550-0004
大阪市西区靱本町 1-6-6　大阪華東ビル 5F
TEL.06-6441-2231　FAX.06-6441-3227
E-mail　home@medicaldo.co.jp
URL　http://www.medicaldo.co.jp

トランスレーショナルリサーチを支援する

遺伝子医学 MOOK
Gene & Medicine

16号
メタボロミクス：その解析技術と臨床・創薬応用研究の最前線

編集：田口 良
（東京大学大学院医学系研究科特任教授）

定価：5,500円（本体 5,238円＋税）
型・頁：B5判、252頁

15号
最新RNAと疾患
今，注目のリボソームから疾患・創薬応用研究までRNAマシナリーに迫る

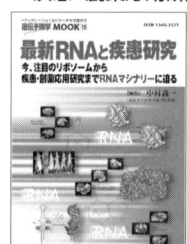

編集：中村義一
（東京大学医科学研究所教授）

定価：5,400円（本体 5,143円＋税）
型・頁：B5判、220頁

14号
次世代創薬テクノロジー
実践：インシリコ創薬の最前線

編集：竹田-志鷹真由子
（北里大学薬学部准教授）
梅山秀明
（北里大学薬学部教授）

定価：5,400円（本体 5,143円＋税）
型・頁：B5判、228頁

13号
患者までとどいている **再生誘導治療**
バイオマテリアル，生体シグナル因子，細胞を利用した患者のための再生医療の実際

編集：田畑泰彦
（京都大学再生医科学研究所教授）

定価：5,600円（本体 5,333円＋税）
型・頁：B5判、316頁

12号
創薬研究者必見！
最新トランスポーター研究2009

編集：杉山雄一
（東京大学大学院薬学系研究科教授）
金井好克
（大阪大学大学院医学系研究科教授）

定価：5,600円（本体 5,333円＋税）
型・頁：B5判、276頁

11号
臨床糖鎖バイオマーカーの開発
－糖鎖機能の解明とその応用

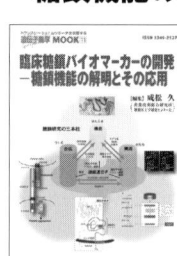

編集：成松 久
（産業技術総合研究所 糖鎖医工学研究センター長）

定価：5,600円（本体 5,333円＋税）
型・頁：B5判、316頁

お求めは医学書販売店、大学生協もしくは弊社購読係まで

発行／直接のご注文は
株式会社 メディカルドゥ

〒550-0004
大阪市西区靱本町 1-6-6　大阪華東ビル 5F
TEL.06-6441-2231　FAX.06-6441-3227
E-mail　home@medicaldo.co.jp
URL　http://www.medicaldo.co.jp

トランスレーショナルリサーチを支援する

遺伝子医学 MOOK
Gene & Medicine

22号
最新疾患モデルと病態解明, 創薬応用研究, 細胞医薬創製研究の最前線

最新疾患モデル動物, ヒト化マウス, モデル細胞, ES・iPS細胞を利用した病態解明から創薬まで

編　集：戸口田淳也
　　　　（京都大学iPS細胞研究所教授
　　　　京都大学再生医科学研究所教授）
　　　　池谷　真
　　　　（京都大学iPS細胞研究所准教授）
定　価：5,600円（本体 5,333円＋税）
型・頁：B5判、276頁

21号
最新ペプチド合成技術とその創薬研究への応用

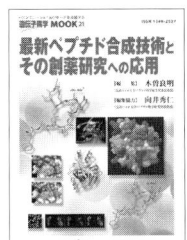

編　集：木曽良明
　　　　（長浜バイオ大学客員教授）
編集協力：向井秀仁
　　　　（長浜バイオ大学准教授）
定　価：5,600円（本体 5,333円＋税）
型・頁：B5判、316頁

20号
ナノバイオ技術と最新創薬応用研究

編　集：橋田　充
　　　　（京都大学大学院薬学研究科教授）
　　　　佐治英郎
　　　　（京都大学大学院薬学研究科教授）
定　価：5,400円（本体 5,143円＋税）
型・頁：B5判、228頁

19号
トランスポートソーム 生体膜輸送機構の全体像に迫る

基礎, 臨床, 創薬応用研究の最新成果

編　集：金井好克
　　　　（大阪大学大学院医学系研究科教授）
定　価：5,600円（本体 5,333円＋税）
型・頁：B5判、280頁

18号
創薬研究への分子イメージング応用

編　集：佐治英郎
　　　　（京都大学大学院薬学研究科教授）
定　価：5,400円（本体 5,143円＋税）
型・頁：B5判、228頁

17号
事例に学ぶ。実践、臨床応用研究の進め方

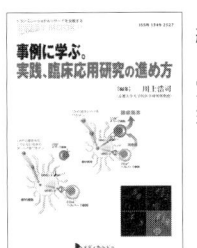

編　集：川上浩司
　　　　（京都大学大学院医学研究科教授）
定　価：5,400円（本体 5,143円＋税）
型・頁：B5判、212頁

お求めは医学書販売店、大学生協もしくは弊社購読係まで

発行／直接のご注文は

株式会社 メディカルドゥ

〒550-0004
大阪市西区靱本町 1-6-6　大阪華東ビル 5F
TEL.06-6441-2231　FAX.06-6441-3227
E-mail　home@medicaldo.co.jp
URL　http://www.medicaldo.co.jp

■ 編集者プロフィール

辻本賀英（つじもと よしひで）
大阪大学大学院医学系研究科遺伝医学講座遺伝子学教授　教授

＜経歴＞
1972年　大阪大学理学部生物学科卒業
1977年　同大学院理学研究科博士課程修了（理学博士号取得）
　　　　米国カーネギー発生学研究所研究員
1979年　国立基礎生物学研究所助手
1983年　米国ウイスター研究所研究員
1985年　同 Assistant Professor
1988年　同 Associate Professor
1991年　大阪大学医学部附属バイオメディカル教育研究センター遺伝子学教授
1999年　同大学院医学系研究科遺伝子学教授

＜専門分野＞
分子生物学

遺伝子医学MOOK 別冊
細胞死研究の今
－疾患との関わり，創薬に向けてのアプローチ

定　価：2,625円（本体2,500円＋税）
2013年9月30日　第1版第1刷発行

編　集　辻本賀英
発行人　大上　均
発行所　株式会社 メディカル ドゥ

〒550-0004　大阪市西区靭本町1-6-6 大阪華東ビル
TEL. 06-6441-2231／FAX. 06-6441-3227
E-mail：home@medicaldo.co.jp
URL：http://www.medicaldo.co.jp
振替口座　00990-2-104175
印　刷　モリモト印刷株式会社
©MEDICAL DO CO., LTD. 2013　Printed in Japan

・本書の複製権・上映権・譲渡権・公衆送信権（送信可能化権を含む）は株式会社メディカル ドゥが保有します。
・JCOPY ＜（社）出版者著作権管理機構 委託出版物＞
本書の無断複写は著作権法上での例外を除き禁じられています。複写される場合は、そのつど事前に、（社）出版者著作権管理機構（電話 03-3513-6969、FAX 03-3513-6979、e-mail: info@jcopy.or.jp）の許諾を得てください。

ISBN978-4-944157-73-0